U0268836

农业节水灌溉技术及高效节水灌溉试验研究

李凤伟　著

黄河水利出版社

·郑州·

图书在版编目(CIP)数据

农业节水灌溉技术及高效节水灌溉试验研究／李凤
伟著.--郑州:黄河水利出版社,2024.9.--ISBN
978-7-5509-3996-7

I.S275

中国国家版本馆 CIP 数据核字第 2024PH9187 号

审　　稿　席红兵　14959393@qq.com

责任编辑　高军彦　　　　　　责任校对　兰文峡
封面设计　张心怡　　　　　　责任监制　常红昕
出版发行　黄河水利出版社
　　　　　地址:河南省郑州市顺河路 49 号　邮政编码:450003
　　　　　网址:www. yrcp.com　E-mail:hhslcbs@ 126.com
　　　　　发行部电话:0371-66020550、66028024
承印单位　河南新华印刷集团有限公司
开　　本　787 mm×1 092 mm　1/16
印　　张　8.5
字　　数　148 千字
版次印次　2024 年 9 月第 1 版　　2024 年 9 月第 1 次印刷

定　　价　56.00 元

前　言

　　农业是用水大户,农田灌溉用水是保证粮食安全的重要因素,高效节水灌溉工程的建设与运行管理是节流的重要手段。因水资源匮乏,地下水超采严重,国家对农业节水高度重视,相继实施了小农水重点县、现代农业、地下水超采综合治理、土地整理、高标准农田建设等项目,高效节水灌溉工程建设发展快、面积大、形式多、分布广。在发展过程中,基层专业技术人员水平不一、设计单位水平参差不齐,在规划设计中或多或少存在不规范,部分工程设计质量不高;同时在运行管理中,使用人员缺乏运行维修养护知识,设备使用不当,工程寿命降低,节水效果不能充分发挥。因此,探索适合不同地区实际情况的高效节水灌溉形式,制定一套涵盖工程规划设计、运行管理的高效节水灌溉技术指南十分必要。

　　农业高效用水的根本目的是在有限的水资源约束下,实现农业生产效益的最大化;本质是提高农业单方水的经济产出,在提高农业用水利用效率的同时,改善农业用水利用效益,维系农业水土生态环境;涉及的领域有自然、经济、社会科学等,以多学科交叉、综合理论为基础,属于一个复杂的系统工程;措施则是建立在农业节水综合理论体系上的综合技术体系,包括水资源的合理开发利用、农业节水措施、工程节水措施和管理节水措施。其中,旱作农业高效用水的大部分措施均可在灌溉农业高效用水中使用;与其相关的研究包括农业高效用水的水文学研究、土壤学基础研究、生理生态基础研究、灌溉理论研究等。

　　高效节水灌溉工程的加快实施,可以提升水资源的利用效率,有力推动高效农业、设施农业、观光农业的发展。但从工程实践看,因设计不科学,造成面积选择不当、工程布局不优、灌溉方式不准,导致灌溉用水不及时,亩均耗电量过高,既影响农田灌溉的顺利进行,又增加了农业生产成本,更影响部分地区实施高效节水工程的积极性。

　　本书共包括7章。全书在介绍农业节水灌溉技术及高效节水灌溉试验研究基本理论的基础上,探讨了农业节水灌溉主要技术、北方干旱区农业节水灌溉新技术、大型灌区节水改造工程技术试验研究、高效节水灌溉试验研究,以及高效节水灌溉技术推广应用情况等内容。本书可供从事农业节水灌溉工作的相关科技人员参考,也希望能对广大从事节水灌溉工作的一线人员有所借鉴或帮助。

本书由北京农业职业学院水利与土木工程学院李凤伟撰写。在本书撰写过程中,学院领导及同事给予了关心、支持和帮助,在此谨表示衷心的感谢!另外,在本书完成过程中,作者参考借鉴了前人的一些研究成果,在此一并对相关文献资料的作者表示谢意。

由于作者水平有限,书中难免存在一些疏漏和不足之处,敬请读者和专家批评指正。

作　者

2024 年 6 月

目　录

第1章 研究概述

1.1 研究背景

中国是世界上最大的农业生产国之一,但水资源分布不均,导致严重的水资源短缺问题。近年来,中国政府出台了一系列的节水政策和措施,推动了农业节水灌溉技术的发展。节水灌溉实施面积逐年稳步增长,同时灌溉水的有效利用系数不断提高。国内节水灌溉技术的发展进入了质量、规模和效益并重的良性发展阶段。

然而,尽管有政策支持和技术进步,大部分耕地仍然采用传统的水渠防渗大水漫灌,这导致劳动强度大,且农艺节水制度难以实施。土地类型多样,地形复杂,这使得大型的灌溉设备难以适应不同的地块。因此,尽管节水灌溉技术在中国取得了一定的进展,其在实际应用中仍然受到一些限制。

在发达国家,尤其是在欧美地区,农业生产机械化和自动化程度较高。美国、法国、意大利等国家的农业灌溉大多采用不同形式的喷灌机进行作业。这包括圆形和平移式喷灌机、绞盘式喷灌机等。这些大中型喷灌机的应用大大减轻了灌溉劳动强度,提高了水肥利用效率,并增加了作物产量。以色列的节水灌溉技术在国际上处于领先地位,其滴灌技术的水利用率可达95%。以色列还使用处理后的废水进行灌溉,既节约了水资源,又有利于生态环境。因此,国外的农业节水灌溉技术已经取得了显著的成就。

1.2 研究内容与意义

现阶段,水质性缺水已严重威胁到人类健康、生态系统和食品安全。淡水资源作为一种宝贵的战略资源,在既要繁荣经济、富国利民,又要节约用水、保证水质的今天显得尤为重要。因此,如何通过适宜的手段和合理的措施在不同的领域展开节水工作已上升为关系国家经济、社会可持续发展和长治久安的重大战略问题。

随着社会经济的持续发展，淡水资源、土地资源日趋紧张和水资源供需矛盾日益突出，已成为制约农业可持续发展的主要因素。适宜的灌溉技术理论就是在这样的背景下提出的，适宜的灌溉技术是节水的前提。节水即以提高灌溉(降)水的利用率、水资源再生利用率，以及保护农田水土环境为核心，以灌溉(降水)→土壤水→作物水→光合作用→干物质积累→经济产量形成的循环转化过程和区域农田水循环过程为主线，从田间水分调控、作物耗水生理调节、水肥高效利用、作物品种生理与遗传改良等方面挖掘节水潜力，以及从农业节水对区域农田生态系统产生的潜在影响出发，重点开展与农田水分高效利用及调控、田间节水灌溉与水肥高效利用、农业节水对区域水土环境响应评估与调控、水分胁迫对作物生长的影响及其提高水分生产效率的机制与方法等相关的应用基础理论研究和关键技术及产品研发，研究农田灌溉水循环和农田生态系统耗水中的水分运动与交换、溶质运移与转化、根系发育与植物生长、能量交换等过程间的相互关系及各界面间的转化机制与转化规律。

我国是农业大国，农田灌溉发展史可以追溯到五千多年以前。在大禹治水的传说中，就有"尽力乎沟洫""陂障九泽，丰殖九薮"等有关农田灌溉的内容。在夏商时期，农田灌溉已较为普遍，在当时推行的井田制中，已出现了布置沟渠进行灌溉排水的设施。在西周、春秋战国及秦代，我国农田灌溉有了更大的发展，一些较大规模的水利设施修筑完成，有的到现在仍在发挥作用。例如，西周时在黄河中游的关中地区已经有较多的小型灌溉工程；春秋战国时魏国西门豹在邺郡(现河北省临漳县)修引十二渠灌溉农田，楚国在今安徽省寿县兴建蓄水灌溉工程芍陂，秦国蜀郡太守李冰主持修建都江堰，使成都平原成为"沃野千里，水旱从人"的"天府之国"。之后的秦汉时期、隋唐至北宋及明清时期是我国农田灌溉发展的三个主要时期，其间修筑的一些大的灌区，如关中地区的郑国渠、河西走廊和黄河河套灌区等，都对我国的农业发展起到积极的推动作用，许多工程经过历代不断的改造与完善，至今仍在生产实践中发挥着重要作用。

相关资料表明，2021年，我国多年平均农业用水量占全国用水总量的56%左右，其中农田灌溉用水就占整个农业用水的91.36%。农业灌溉技术以地面灌溉为主，约占农田总灌溉面积的98%，其渠灌水利用系数低于0.6、井灌水利用系数在0.68左右，与发达国家相比，低了0.2左右；同样地，我国的作物水分生产效率约为1 kg/m³，比发达国家少了近1.32 kg/m³。我国现行的农作制度基本上还是一种高耗水型种植制度,但我国也有一些节水高产种植典型,其水分生产效率高达 1.5~1.8 kg/m³,接近节水发达国家水平,这意味着我国存在较大的制度节水潜力。农作制度节水潜力主要来源于以下几个方面:用好天上雨、保住地中墒、适期适度干燥、浇足关键水、优化种植、水肥耦合。例如,对农作制度节水措施进行提升和综合运用,亩节水潜力可达 80~100 m³。由此可见,建立以水分利用效率(water use efficiency, WUE)为中心的主要区域节水高效种植制度,最大限度地提高水分利用率,是化解我国农业水危机、使农业可持续发展的基本途径。

研究表明,正常年份,全国缺水 400 亿 m³,其中农业缺水 300 亿 m³;同时,我国北方黄河、淮河、海河三大流域成为全国严重的缺水区和污染最严重的地区;各区域农田灌溉水利用系数等较国际水平低。

灌溉技术的发展使农业生产的基本条件不断发生变化,进而引起农耕制度的不断演进。灌溉的兴起使农田的水分环境得到极大的改善,农田的作物种植结构和种植制度也随之发生了根本性的改变。现代灌溉技术的不断进步,发展出了喷灌、微灌、灌溉施肥等新技术,使得农耕制度向集约化、规模化方向快速发展。未来的农田灌溉技术仍会不断创新,为了应对水资源短缺不断加剧的现实,农耕制度也会向着节水化、自动化、工厂化的方向发展,以实现更高的生产效率和经济效益。

结合研究区的区域特点,在不同的灌水模式下,分析不同灌溉技术条件下适宜的灌水技术参数,探索不同灌溉方式的灌水量、灌水时间及实施办法,提出适宜的灌溉方式与配套技术。然而,不同节水农业措施下的农田的气、热交换规律及水盐运动规律,节水灌溉技术条件下的水肥运动、吸收利用规律,耕作保墒技术与节水灌溉技术的结合,各种单项农艺、节水两方面的实用技术有机地相互配合,构成了一个完整的农业高效用水综合技术体系,真正地实现了既节水又增收,提高了水的利用率,保证了综合节水农业的持续发展。

1.3 技术路线

本书针对农业节水灌溉及高效节水灌溉问题,在阐述农业节水灌溉主要技术和北方干旱区农业节水灌溉新技术的基础上,设计大型灌区节水改造工程技术试验和高效节水灌溉试验研究的试验过程,通过设置试验区,对各种节水灌溉技术进行试验和记录,最后通过分析与评价确定如何进行高效节水灌溉。全书共 7 章,其中第 1 章和第 7 章可以看作对全书的铺垫和总结,技术路线如图 1-1 所示。

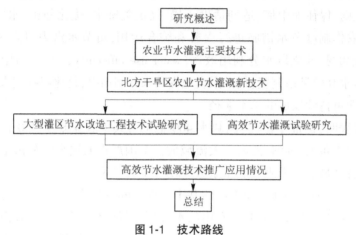

图 1-1 技术路线

第2章 农业节水灌溉主要技术

2.1 田间工程节水技术

田间工程通常是指农田灌溉排水系统中最末一级固定灌溉渠道与固定排水沟道之间所包围的田块内部的工程设施。目前,大多数灌区最末一级固定渠道和沟道是农渠与农沟。在非灌区主要是通过集雨工程来提高降水的利用率。田间节水工程包括节省灌溉用水和拦蓄降水两方面内容。本节主要介绍渠道防渗技术、集雨补灌技术、土地平整技术3项田间工程节水技术内容。

2.1.1 渠道防渗技术

2.1.1.1 作用和意义

渠道防渗技术就是为减少或杜绝灌溉水由渠道渗入渠床而流失所采取的各种工程技术措施和方法,是我国目前应用最广泛的节水灌溉工程技术措施。

渠道采取防渗措施后,一方面,可以提高渠系水的利用系数,缓解农业用水供需矛盾,节约的水还可以扩大灌溉面积,促进农业生产持续发展;另一方面,可以减少渠道占地面积,防止渠道冲刷、淤积和坍塌,节约投资和运行管理费用,有利于灌区的管理。此外,还可以降低灌区地下水位,防止土壤盐渍化和沼泽化,以利于生态环境保护和农业现代化建设。

2.1.1.2 我国渠道防渗技术发展概况

我国很早就有采用黏土、灰土、三合土夯实,黏土锤打,砌砖、砌石等方法进行渠道防渗的记载。中华人民共和国成立以后,全国各地都开展了因地制宜的实践和试验研究,有力地促进了渠道防渗技术的发展,大大推动了防渗工程建设。

在渠道防渗材料方面,研究证明,灰土除有气硬性外,还有一定的水硬性。为了提高灰土早期强度及减少缩裂缝,在灰土中分别掺入砂、砾石、炭渣等。为了提高水泥的抗冻及抗裂性,适当提高水泥的掺量,选用砂粒含量为70%、黏粒含量为 3%～10%、密度在 1.8 g/cm³ 以上的土料,并在施工中严格控制含水量,加强早期养护。为了提高砌石防渗的效果,除保证施工质量外,在砌体下铺设不同材料的防渗层,或采用灌浆及表面防渗处理等方法。对于混凝土,主要是在性能满足工程要求的前提下,采用细砂、页岩及泥岩拌制混凝土,并利用外加剂改善混凝土性能,减少水泥用量以降低造价。

2.1.1.3 常见的渠道防渗技术特点

1.土料防渗特点

土料防渗是我国沿用已久的实践经验丰富的防渗措施,是指以黏性土、黏沙混合土、灰土、三合土和四合土等为材料的防渗措施。由于黏性土料源丰富,可就地取材,并且土料防渗技术简单、造价低,还可以充分利用现有的碾压机械设备,因此在我国尤其是资金缺乏的中小型渠道上应用较多。土料防渗一般可减少渗漏量的 60%～90%,每天每平方米的渗漏量为 0.07～0.17 m³。但是,土料防渗的一个缺点是允许流速较低,壤土为 0.7 m/s,黏土、黏沙混合土、灰土、三合土和四合土的允许流速较高,为 0.75～1 m/s,因而仅能用于流速较低的渠道。土料防渗的另一个缺点是抗冻性较差,多年冻融的反复作用会使防渗层疏松、剥蚀,从而失去防渗性能,因而土料防渗仅适用于气候温暖的无冻害地区。

2.水泥土防渗特点

水泥土为土料、水泥和水拌和而成的材料,主要是靠水泥与土料的胶结与硬化,强度类似混凝土。根据施工方法的不同,水泥土分为干硬性和塑性两种。水泥土料源丰富,可以就地取材,技术较简单,投资少,造价较低,还可以利用现有的拌和机、碾压机等施工设备。水泥土防渗较土料防渗效果要好,一般可以减少渗漏量的 80%～90%,每天每平方米的渗漏量为 0.06～0.17 m³。水泥土防渗的主要缺点是水泥土早期的强度及抗冻性较差,因而适用于气候温和的无冻害地区。

3.砌石防渗特点

砌石防渗(见图 2-1)是我国采用最早、应用较广泛的渠道防渗措施。按材料和砌筑方法分,有干砌卵石、干砌块石、浆砌料石、浆砌块石、浆砌石板等多种;按结构类型分,有护面式、挡土墙式两种。砌石防渗具有抗冲流速大、耐磨能力强、防冻抗冻能力强以及较强的稳定渠道作用,因而在提高水资源利用率、稳定渠道和保证输水安全、防冻防冲等方面均发挥了很大的作用。但是,砌石防渗由于不容易采用机械化施工,施工质量较难控制,而且砌石防渗一般厚度大、方量多、用工较多,因此其造价不一定低于混凝土等材料的。在实际施工中,是否采用应以防渗效果好、耐久性强和造价低为原则,通过技术经济论证后确定。

图 2-1　砌石防渗

4.膜料防渗特点

膜料防渗就是用不透水的土工膜来减少和防止渠道渗漏损失的一种技术措施。土工膜是一种薄型、连续、柔软的防渗材料,具有防渗性能好、适应变形能力强、耐腐蚀性强、施工简便、工期短、造价低等优点。实践表明,膜料防渗一般可以减少渗漏量的 90%～95%,不仅适用于各种不同形状的渠道,而且适用于可能发生沉陷和位移的渠道,每平方米膜料防渗的造价为混凝土的 1/10～1/5,为砂浆卵石防渗的 1/10～1/4。经过精心施工,高质量地铺砌,防渗膜料耐久性能够确保其达到工程经济使用年限。

膜料防渗多采用填埋式,其结构包括膜料防渗层、过渡层和保护层。膜料的种类很多,按防渗材料分,有聚乙烯、聚氯乙烯、聚丙烯、聚烯烃等塑料类膜料,异丁烯橡胶、氯丁橡胶等合成塑胶类膜料,沥青和环氧树脂类。按加强材料的组合方式分,有施工现场直接喷射的直喷式土工膜和塑料薄膜,用土工织物作集材,将不加强的土工膜或聚合物用人工或机械方法合成为复合型土工膜。我国目前使用的以聚乙烯为主,这种材料品质好,价格较低,薄膜厚度一般为 0.15～0.2 mm,颜色以黑色、棕色为好。

5.混凝土防渗特点

混凝土防渗如图2-2所示,是目前广泛采用的一种渠道防渗技术。用混凝土衬砌渠道,能防止和减少渗漏损失,具有防渗效果好、耐久性好、糙率小、允许流速大、强度高、便于管理、适应性广泛等特点。混凝土防渗能减少渗漏损失的90%~95%甚至以上。在正常情况下,能运用50年以上。混凝土防渗渠道的糙率为0.014~0.017,允许流速一般为3~5 m/s,能防止动植物穿透或其他外力破坏,便于养护管理和节省管理费用。混凝土具有良好的模塑性,可根据设计要求制成各种形状和不同大小的结构或建筑物。同时,还可以根据工程的不同要求,通过选择原材料、调整混凝土的配合比以及采取各种生产工艺,制成具有各种性能的混凝土。无论渠道大小、工程条件如何,一般均可采用混凝土防渗。但是混凝土衬砌板适应变化的能力差,在缺乏砂石料的地区造价较高。

图2-2　混凝土防渗

混凝土防渗所采用的结构有板形、槽形、管形。板形结构有素混凝土板、钢筋混凝土板和预应力钢筋混凝土板等,其截面形状有等厚板、楔形板、肋梁板、门形板和空心板等。槽形结构有铺砌式,将混凝土或钢筋混凝土槽铺砌在挖好的基槽内,将槽架设在支架上。

6.沥青混凝土防渗特点

沥青混凝土防渗如图2-3所示,是以沥青为胶结剂,与矿粉、矿物骨料经过加热、拌和、压实而成的防渗材料,具有防渗效果好、适应变形能力强、抗老化、造价低、容易修补等优点。沥青混凝土具有适当的柔性和黏附性,能适应较大的变形,如发生裂缝有自愈能力,具有适应渠基土冻胀而不裂缝的能力,防冻害能力强。沥青混凝土虽然为黑色有机材料,存在老化问题,但老化并不严重,其防渗工程耐久性较好,一般可以使用30年,其造价仅为水泥混凝土的70%。沥青混凝土是随温度高低而变化的黏弹性材料,发生裂缝的概率较低,即使发生了,修补时仅将其裂缝处加热后用锤子击打,使裂缝弥合即可。

图 2-3　沥青混凝土防渗

沥青混凝土防渗虽具有以上诸多优点,但其推广应用得较慢,料源不足是主要原因之一。沥青混凝土主要由石油沥青拌制而成,我国生产的石油沥青多为含蜡沥青,其性能不能满足水工沥青的需要。施工工艺要求严格也是一个主要原因,沥青混凝土的加热、拌和等工艺要求在高温下进行。较薄的沥青混凝土防渗层还存在植物穿透的问题,对渠基土壤要求做灭草处理。

2.1.2　集雨补灌技术

2.1.2.1　雨水集蓄利用内涵

雨水是旱区农业生产的主要水源,集雨灌溉农业是一种主动抗旱的高效用水方式。发展雨水集蓄,在作物需水关键期补灌的潜力巨大,是解决水土流失和提高旱作生产力的一个结合点,也是旱区发展"小水利"和节水农业的一条新途径。

广义的雨水集蓄利用是指经过一定的人为措施,对自然界中的雨水径流进行干预,使其就地入渗,或集蓄以后加以利用;狭义的雨水集蓄利用则指将通过集流面形成的径流汇集在蓄水设施中再进行利用。雨水集蓄利用中强调了对正常水文循环的人为干预,就是通过筑集水场、修引水沟、建水池、建水窖等措施,拦蓄夏秋雨水,再用节水灌溉方式进行灌溉。雨水集蓄利用工程是指采取工程措施对规划区内及周围的降雨进行收集、储存以便作为该地区水源,从而进行调节利用的一种微型水利工程,包括雨水的汇集、存储、净化与利用,一般由集流设施、蓄水设施、净化设施、输水设施及高效利用设施组成。此工程主要适用于地表水、地下水缺乏或者开采利用困难,且年平均降水量大于250 mm的干旱、半干旱地区或经常发生季节性缺水的湿润、半湿润地区。

2.1.2.2 雨水集蓄灌溉系统组成

雨水集蓄工程是指在干旱、半干旱及其他缺水地区,将规划区内及周围的降雨进行收集、汇流、存储以便作为该地区水源,并有效利用于节水灌溉的一整套系统。它具有投资小、见效快、适合家庭经营等特点。雨水集蓄灌溉工程系统一般由集雨系统、截流输水系统、蓄水系统和灌溉系统组成。

1.集雨系统

集雨系统主要是指收集雨水的场地(集雨场),是雨水集蓄灌溉工程的水源地。选择集雨场时,首先应考虑将具有一定产流面积的地方作为集雨场,在没有天然条件的地方,则需人工修建集雨场。可利用的集雨场主要有公路或田间道路、山坡、耕地等。有条件的地方尽量将集雨场规划在高处,以便能自压灌溉。

2.截流输水系统

截流输水系统是指输水沟(渠)和截流沟,其作用是将集雨场上的来水汇集起来,引入沉沙池,而后流入蓄水系统。要根据各地的地形条件、防渗材料的种类以及经济条件等,因地制宜地进行规划布置。

利用公路、道路作为集雨场时,截流输水工程从公路排水沟出口处连接并修建到蓄水工程,或按计算所需的路面长度分段修筑,然后与蓄水工程连接。公路排水沟及输水渠应该进行防渗处理,蓄水季节要注意清除杂物和浮土。利用山坡作集流面时,可在坡面上每隔20～30 m沿等高线修建截流沟,截流沟可采用土渠,坡度宜为1/50～1/30,截流沟应连接到输水沟,输水沟宜垂直等高线布置并采用矩形或U形混凝土渠,尺寸按集雨流量确定。

3.蓄水系统

蓄水系统包括储水体及其附属设施,其作用是存储雨水。储水体主要有蓄水池、塘坝、水窖等类型。在水流进入储水体之前,要设置沉淀、过滤设施,以防杂物进入储水体。同时应该在储水体的进水管(渠)上设置闸板,并在适当位置布置排水道。储水体使用的建筑材料主要有砖、石、混凝土、水泥砂浆、塑料薄膜等。储水体的容积设计要考虑可能收集储存水量的多少、灌溉面积的多少,并结合当地经济条件和投入状况与技术参数全面衡量确定。储水体主要附属设施包括沉沙池、拦污栅、进水暗管(渠)、消力设施等。

4.灌溉系统

灌溉系统包括首部提水设备、输水管道和田间灌水器等,是实现雨水高效利用的最终措施。由于受到蓄水工程水量、地形条件、灌溉作物和经济条件的限制,不可能采用传统的地面灌水方法进行灌溉,必须选择适宜的节水灌溉形式。常见的形式有滴灌、渗灌、坐水种、膜下穴灌、细流沟灌、地膜下沟灌及担水点浇等技术,这样才能提高单方集蓄雨水的利用率。对于雨水集蓄灌溉工程,在地形条件允许的情况下,应尽可能实行自流灌溉。

2.1.3 土地平整技术

土地平整工程由田块整平、田坎修筑、表土剥离及移土培肥工程等内容组成,其工程介于工程措施与农业措施之间。土地平整可保证进入田间的灌溉水和降水充分入渗,减少流失和深层渗漏,提高灌溉质量(均匀度),缩短灌水时间,降低灌溉定额,提高水利用率。

2.1.3.1 工程布局

1.土地平整工程布局

根据项目建设类型、地形条件及土壤状况等自然地理因素,社会经济发展情况,以及现代化农业建设要求和农业耕作习惯,因地制宜地确定土地平整区域、平整田块布局和规格、土地平整形式等。土地平整工程应与灌溉排水、田间道路、农田防护等工程布局相衔接、协调。

2.灌溉与排水工程布局

根据水源及排水特点、地形条件、基础设施现状、田块形态,因地制宜地采取相应的灌溉与排水措施进行系统配置。

3.田间道路工程布局

开发整理区域内道路网络应根据农业生产和生活的需要,结合农田水利工程中的渠系布置,并考虑当地农业机械作业的要求,进行以田间道、生产路为主要内容的田间道路系统配置。

4.农田保护与生态环境保持工程布局

根据地形、气候条件、土壤条件、风害程度及农田防护的要求,按因地制宜、因害设防的原则建造农田保护与生态环境保持工程。

2.1.3.2 土地平整工程技术指标

土地平整是最常规的节水农业措施,有旱地土地平整、水浇地土地平整、水田土地平整,但主要还是用于灌溉农田的水浇地与水田上。按平整后的田块类型划分为条田、梯田和台田。平原地区宜修建条田,山丘地区宜修建梯田,具备条件的煤矿塌陷地、盐碱地和涝洼地等宜修建台田。黄泛平原区条田适宜长度为 400~800 m、宽度为 160~300 m。滨海平原区条田适宜长度为 300~600 m、宽度为 100~200 m。山前平原区条田适宜长度为 400~600 m、宽度为 100~200 m。在土层较厚地区,当地形坡度为 1°~5°时,适宜田面宽度为 30~40 m;当地形坡度为 5°~10°时,适宜田面宽度为 20~30 m;当地形坡度为 10°~15°时,适宜田面宽度为 15~20 m;当地形坡度为 15°~20°时,适宜田面宽度为 10~15 m。在煤矿塌陷地及盐碱涝洼地区,台田适宜长度为 70~80 m、宽度为 25~35 m。根据地下水临界深度与塘底高程的关系及土质特点,原地面一般下挖 1.6~2.2 m,抬高地面 1.5~2 m,为保持台田稳定性,台面四周应筑地埂,地埂坡度宜为 35°~45°,高度宜为 0.3 m,顶宽宜为 0.3~0.4 m。土地平整后耕作田面坡度和田块局部起伏高差应满足水流推进或灌水均匀的要求。沟畦灌溉的水浇地田面纵坡方向应与水流方向一致,纵坡坡度应根据土壤通透性和畦长不同而定,以 1/500~1/200 为宜。田面不宜有横向坡度,纵坡斜面上局部起伏高差应在±3 cm 之内,相邻畦田横向高差也应在±3 cm 之内。灌溉水田田面应平整,田面高差应在±3 cm 之内。

在进行条田、梯田和台田修建时,平整土地范围内的表土层必须进行剥离,一般剥离 30 cm。在下层土壤平整后,将表土层覆盖。

2.1.3.3 配套工程建设指标

1.灌溉保证率

以地表水为水源的渠道灌区地面灌溉保证率要达到 50%,以地下水为水源的灌区地面灌溉保证率要达到 75%,水田灌溉保证率要达到 80%~85%。

2.排涝标准

排涝标准采用暴雨重现期 5~10 年,暴雨排除时间为:旱作区暴雨,从作物受淹起 1~3 d 排至田面无积水;水稻区暴雨,从作物受淹起 3~5 d 排至耐淹水深。盐渍化区返盐季节地下水深度、沙壤土和轻壤土地下水深度要大于 2.6 m,中壤土大于 2 m,重壤土大于 1.5 m。

3.田间道路与林带

机耕路路宽应达到3~6 m,生产路路宽应达到2~3 m。农田排水沟及田间道路旁宜两侧或一侧植树1~2行,应选择表现良好的乡土品种和适合当地条件的配置方式。

2.2　地面节水工程技术

地面灌溉具有不需要能源、适应性强、投资少、运行费用低、操作和管理方便等特点。所以,地面灌溉仍是世界上特别是发展中国家广泛采用的一种灌水方法。目前,采用地面灌溉技术的灌溉面积占全世界总灌溉面积的90%以上,我国则有97%以上的灌溉面积仍采用地面灌溉技术。近年来,人们在生产实践的基础上,对传统地面灌溉技术进行了研究和改进,提出了节水型地面灌溉技术,如水平畦灌、长畦分段灌、小畦灌、波涌灌、地膜覆盖灌水等。

2.2.1　水平畦灌技术

水平畦灌技术是指田块纵向和横向两个方向的田面坡度接近于零或为零时的畦灌灌水技术。水平畦灌(见图2-4)具有灌水均匀、深层渗漏小、方便田间管理、适宜于机械化耕作以及直接应用于冲洗改良盐碱地等优点。

图 2-4　水平畦灌

2.2.1.1　主要特点

(1)畦田田面各方向的坡度都很小(1/3 000 以下)或为零,整个畦田田面可看作是水平田面。所以,水平畦田上的薄层水流在田面上的推进过程将不受畦田田面坡度的影响,而只借助于薄层水流沿畦田流程上水深变化所产生的水流压力向前推进。

（2）通常要求进入水平畦田的总流量很大，以使进入畦田的薄层水流能在很短时间内迅速覆盖整个畦田田面。

（3）进入水平畦田的薄层水流主要以重力作用、静态方式逐渐入渗到作物根系土壤区域内，与一般畦灌主要靠动态方式下渗不同，它的水流消退曲线为一条水平直线。

（4）由于水平畦田首末两端地面高差很小或为零，所以对水平畦田田面的平整程度要求很高。一般情况下，水平畦田不会产生田面泄水流失或出现畦田首端入渗水量不足及畦田末端发生深层渗漏现象，灌水均匀度高。在土壤入渗率较低的条件下，灌溉水田间利用率可达90%以上。

2.2.1.2　适用范围

水平畦灌适用于各类作物和多种土壤条件，尤其适用于土壤入渗速度较低的黏性土壤。研究表明，一般应用水平畦田灌溉技术，田间灌溉水利用率可提高到80%，灌溉均匀度提高到85%左右。作物的水分生产率由 1.13 kg/m^3 提高到 1.7 kg/m^3。因此，水平畦田灌溉技术的节水增产效益显著。

2.2.1.3　基本要求

水平畦灌技术对土地平整的要求较高，水平畦田地块必须进行严格平整。对于水平畦田的土地平整程度，美国土地保持局要求的基本标准是：80%的水平畦田地面田块平均高差在±1.5 cm 以内。实际上，利用激光控制的平地铲运机平整工地，其平整后地面平均误差均在±1.5 cm 以内。根据水平畦田地块原有的平整程度的好坏，可以采用粗平机械和精平机械。此外，由于水平畦灌供水流量大，因此在水平畦田进水口处还需要有较完善的防冲保护措施。同时，由于水平畦田宽度较大，为保证沿水平畦田全宽度都能按确定的单宽流量均匀灌水，必须采取与之相适应的田间配水方式、田间配水装置及田间配水技术措施。

2.2.2　长畦分段灌技术

2.2.2.1　主要特点

小畦灌需要增加田间输水沟和分水、控水装置，畦埂也较多，在实践中推广存在一定的困难。为此，在我国北方旱区出现一种称为长畦分段灌的技术，即将一条长畦分成若干个没有横向畦埂的短畦，采用地面纵向输水沟或塑料薄壁软管将灌溉水输送入畦田,然后自下而上或自上而下依次逐段向短畦内灌水,直至全部短畦灌完的灌水技术,称为长畦分段灌或长畦短灌。长畦分段灌若用输水沟输水和灌水,同一条输水沟第一次灌水时,应由长畦尾端短畦开始自下而上向各个短畦内灌水。第二次灌水时,应由长畦首端开始自上而下向各分段短畦内灌水。输水沟内一般仍可种植作物。

2.2.2.2 技术要求

长畦分段灌的畦宽可以宽至 5~10 m,畦长可以达 200 m 以上,一般为 100~400 m,但其单宽流量并不增大。这种灌水技术的主要技术要求是:确定适宜的入畦灌水流量、侧向分段开口的间距(短畦长度与间距)和分段改水时间或改水成数。一般分段畦的面积控制在 0.07~0.1 hm²。

2.2.2.3 主要优点

长畦分段灌是一种节水型地面灌水技术,它具有以下优点。

1.节水

长畦分段灌技术可以实现低定额灌水,灌水均匀度高于 85%,与畦田长度相同的常规畦灌技术相比可省水 40%~60%,田间灌水有效利用率提高1倍或更多。

2.省工

灌溉设施占地少,可以省去一至二级田间输水沟渠。

3.适应性强

与常规畦灌技术相比,可以灵活适应地面坡度、糙率和种植作物的变化,可以采用较小的单宽流量,减少土壤冲刷。

4.易于推广

该技术操作简单,管理费用低,因而经济实用,容易推广。

5.便于田间操作

由于田间无横向畦埂或渠沟,方便机耕和采用其他先进的耕作方法,有利于作物增产。

2.2.3 小畦灌技术

2.2.3.1 主要特点

小畦灌是我国北方井灌区行之有效的一种节水灌溉技术,主要是指"长畦改短畦,宽畦改窄畦,大畦改小畦"的"三改"畦灌灌水技术。山东、河北、河南等省的一些园田化标准较高的地方,逐步推广应用。其优点是灌水流程短,减少了沿畦的长度产生的深层渗漏,因此能节约灌水量,提高灌水均匀度和灌水效率。缺点是灌水单元缩小,整畦时费工。小畦灌就是相对过去长畦、大畦而言,将灌溉土地单元划小,但畦子的大小也不是越小越好,而是根据一些技术指标来确定畦田的长度、宽度。

2.2.3.2 技术要求

小畦灌技术的畦田宽度:自流灌区为 2~3 m,机井提水灌区以 1~2 m 为宜。地面坡度为 1/1 000~1/400 时,单宽流量为 2~4.5 L/s,灌水定额为 20~45 m³/亩❶。畦田长度:自流灌区以 30~50 m 为宜,最长不超过 70 m。机井和高扬程提水灌区以 30 m 左右为宜。畦埂高度一般为 0.2~0.3 m,底宽 0.4 m左右,地头埂和路边埂可适当加宽培厚。

2.2.4 波涌灌技术

波涌灌是对地面沟(畦)灌水方法的重大发展,又称涌流灌或间歇灌。它是间歇性地按一定的周期向沟(畦)供水,使水流推进到沟(畦)末端的一种节水型地面灌水新技术。通过几次放水和停水过程,水流在向下游推进的同时,借重力、毛管力等作用渗入土壤,因此一个灌水过程包括几个供水和停水周期,这样田面经过湿→干→湿的交替作用,一方面,使湿润段土壤入渗能力降低;另一方面,使田面水流运动边界条件发生改变,糙率减小,为后续周期的水流运动创造一个良好的边界条件。这两方面的综合作用使波涌灌具有节水、节能、保肥、水流推进速度快和灌水质量高等优点,并能基本解决长畦(沟)灌水难的问题。

试验及示范推广表明:波涌灌与土壤质地、田面耕作状况、灌前土壤结构及灌水次数有关,一般波涌灌较同条件下的连续灌溉节水 10%~25%,水流推进速度为连续灌溉的 1.2~1.6 倍,灌水均匀度提高 10%~15%。

2.2.4.1 灌水方式

(1)定时段-变流程方式,也称时间灌水方式。

这种田间灌水方式是在灌水的全过程中,每个灌水周期(一个供水时间

---

❶ 1 亩 = 1/15 hm²,下同。

和一个停水时间构成一个灌水周期)的放水流量和放水时间一定,而每个灌水周期的水流推进长度则不相同。这种方式对灌水沟(畦)长度小于 400 m 的情况很有效,需要的自动控制装置比较简单,操作方便,而且在灌水过程中也很容易控制。因此,目前在实际灌溉中,波涌灌多采用此种方式。

(2)定流程-变时段方式,也称距离灌水方式。

这种田间灌水方式的每个灌水周期的水流新推进的长度和放水流量相同,而每个灌水周期的放水时间不相等。一般来讲,这种灌水方式比定时段-变流程方式的用水效果要好,尤其是对灌水沟(畦)长度大于 400 m 的情况,灌水效果更佳。但是,这种灌水方式不容易控制,劳动强度大,供水设备也相对比较复杂。

(3)定流程-变流量方式,也称增量灌水方式。

这种田间灌水方式是以调整控制灌水流量来达到较高灌水质量的一种灌水方式。这种方式能在第一个灌水周期内增大流量,使水流快速推进到灌水沟(畦)总长度的 3/4 位置处停止供水。然后在随后的几个灌水周期中,再按定时段-变流程方式或定流程-变时段方式,以较小的流量来满足计划灌水定额的要求。主要适用于土壤透水性较强的情况。

2.2.4.2 控制方式

波涌灌灌水可自动控制,也可人工控制。自动控制灌水是用装有波涌阀和自控装置的设备,按预定的计划时间放水和停水,在灌水期间交替进行放水,直到灌水结束,自动控制波涌灌灌水效率高、省工,但增加设备投资,要求灌溉用水管理水平高。波涌灌田间灌水系统基本上有两类:一类是单管波涌灌溉田间灌水系统,即由一条单独带阀门的管道与供水处相连接;另一类是双管波涌灌溉田间灌水系统,一般通过埋于地下的暗管管道把水输送到田间,再通过竖管和阀门与地面上带有阀门的管道相连,这种阀门可以自动地在两组管道间开关水流。在我国灌区灌溉管理水平和生产经济条件下,大面积推广应用波涌灌自动控制灌水设备尚有困难。人工控制就是采用传统连续灌时开、堵沟(畦)口的办法,按波涌灌灌水要求向沟(畦)放水。采用此法灌水,人员劳动强度有所增大,但不需要增加设备投资,仅将一般连续灌水改为波涌灌灌水方式即可。

2.2.5 地膜覆盖灌水技术

地膜覆盖灌水技术是在地膜覆盖栽培技术的基础上,结合传统地面灌溉所发展的一种新型节水灌溉技术。它是在地面上覆膜,通过放苗孔、专用灌水膜孔、膜缝等渗水、湿润土壤的局部灌溉技术,适宜在干旱、半干旱地区应用。地膜覆盖灌水技术包括膜侧灌、膜下灌和膜上灌等三类灌水方法,并且各种地膜覆盖灌水方法都有各自的特征和适用范围。

2.2.5.1 膜侧灌

膜侧灌又称膜侧沟灌,是指在灌水沟垄背部位铺膜,灌溉水流在膜侧的灌水沟中流动,并通过膜侧入渗到作物根区的土壤内。膜侧沟灌的灌水技术要素与传统的沟灌法相同,适合于垄背窄膜覆盖,一般膜宽为 0.7~0.9 m。膜侧灌主要应用于条播作物和蔬菜。该技术虽然能够增加垄背部位种植作物根系土壤的温度和湿度,但灌水均匀度和田间水有效利用率与传统沟灌基本相同,没有多大改进,并且裸沟土壤水分蒸发量较大。

2.2.5.2 膜下灌

膜下灌可以分为膜下沟灌和膜下滴灌两种。膜下沟灌是将地膜覆盖在灌水沟上,灌溉水流在膜下的灌水沟中流动,以减少土壤水分蒸发。其入沟流量、灌水技术要素、田间水利用率和灌水均匀度与传统的沟灌相同。该技术主要应用于干旱地区的条播作物和保护地蔬菜等。膜下滴灌即把滴灌管铺设在膜下(见图2-5),以减少土壤棵间蒸发,提高水的利用率。该技术更适合于在干旱、半干旱地区应用。

图2-5 膜下灌管道

2.2.5.3 膜上灌

膜上灌(见图2-6)是目前应用最广泛的地膜覆盖灌水技术。它是在地膜栽培的基础上,将原来在灌水沟垄背上铺膜改为在灌水沟(畦)内铺膜,灌溉水流在膜上流动,并通过膜孔(放苗孔或专用灌水孔)或膜缝入渗到作物根部土壤中去的灌水技术。与传统的地面沟(畦)灌相比,膜上灌改善了作物生长的微生态环境,增加了土壤温度,减少了作物棵间蒸发和深层渗漏,土壤不板结、不冲刷,结构疏松,透气性好,可以大大提高灌水均匀度和田间水有效利用率,有利于作物节水增产和品质提高。

图2-6 膜上灌

2.3 蓄水保墒耕作技术

传统的蓄水保墒耕作技术主要有深耕蓄墒技术、耙耱保墒技术、镇压保墒和提墒技术、中耕保墒技术等,这些技术在干旱地区、干旱年份的节水、保水效果很明显。通过采用深耕松土、镇压、耙耱保墒、中耕除草等改善土壤结构的耕作方法,可以疏松土壤,加深活土层,增强雨水入渗速度和入渗量,减少降雨径流损失,切断毛细管,减少土壤水分蒸发,使土壤水的利用效率显著提高。根据天然降雨的季节分布情况,为了使降雨最大限度地蓄于"土壤水库"之中,尽量减少农田径流损失,需因地制宜采取适宜的耕作措施。

2.3.1 深耕蓄墒技术

利用大马力机械进行耕作,深耕深度控制在 30~40 cm,一般 2~3 年深耕一次效果较好,也可以深耕 30 cm 并深松 10 cm,此种方式更易被农民接受。目前,农田耕翻普遍采用旋耕,一般耕翻深度只有 10~15 cm,耕层以下是坚实的犁底层。机械深耕、深松能够打破犁底层,加深耕层土壤厚度,增加土壤蓄水量。传统的耕作由于犁底层的存在影响了土壤水分入渗量,限制了土壤蓄水能力。一般耕作时,土壤水分入渗量只有 5 mm/h 左右,1 m 土层蓄水量不足 1 350 m³/hm²。深耕后的土壤水分入渗量为 7~8.5 mm/h,1 m 土层蓄水量可达 1 800 m³/hm²。

2.3.2 耙耱保墒技术

耙耱保墒技术主要是碎土、平地,以减少表土层内的大孔隙,减少土壤水分蒸发,达到保墒的目的。耙耱的深度因目的而异。早春耙耱保墒或雨后耙耱破除板结,耙耱深度以 3~5 cm 为宜,耙耱灭茬的深度一般为 5~8 cm,但耙茬播种时,第一次耙地深度至少 8~10 cm。若在播种前几天耙耱,其深度不宜超过播种深度,以免因水分丢失过多而影响种子萌发出苗。

2.3.3 中耕保墒技术

作物在生长期内,可采用中耕保墒技术。中耕的主要作用是松土、锄草、切断土壤毛管、防止土壤板结,从而减少水分蒸发,增加降水入渗能力。雨后 2~3 d 及时中耕,有利于保墒。

2.4 覆盖保墒技术

农田覆盖是一项人工调控土壤与作物间水分条件的栽培技术,是降低农田水分无效蒸发、提高用水效率的有效农业措施之一,也是当前世界上干旱和半干旱地区广泛推广的一项保墒措施。在我国,覆盖栽培技术在传统农业中的应用早已有之,并得到了广泛的推广和应用。利用覆盖技术可以抑制土壤水分蒸发,减少地表径流,蓄水保墒、提高地温、培肥地力,改善土壤物理性状,抑制杂草和病虫害,促进作物生长发育,提高水的利用率。试验表明,降雨和灌溉进入农田的水量,小部分补给地下水,大部分转化为土壤水,而土壤水的棵间蒸发是农田节水可以调控利用的潜在水量。据观测,土壤表面蒸发量占农田总蒸发量的1/4~1/2。覆盖材料可因地取材,如利用作物秸秆、塑料薄膜、沙石等。

2.4.1 秸秆覆盖保墒技术

秸秆覆盖(见图 2-7)就是利用作物的秸秆、干草等覆盖在土壤表面上。秸秆覆盖能减少地表蒸发和降雨径流,提高耕层供水量,取得明显增产效果。据测定,秸秆覆盖的抑蒸保墒效应可达到土体 1 m 深处,一个年度可以减少耗水量 60 m³/亩。在降雨或灌水后,将秸秆覆盖垄间,可以调节地温,保持土壤湿度,改良土壤,培肥地力。

图 2-7 秸秆覆盖

我国的北方旱作农业区和补充性灌溉农业区多采用麦秸、麦糠、玉米秸等进行秸秆覆盖,在小麦、玉米等作物播种后、出苗前,以 150~200 kg/亩干秸秆均匀铺盖于土壤表面,以"地不露白,草不成坨"为标准,盖后开沟,将沟土均匀地撒盖于秸秆上。目前,山东省主要采取小麦联合收获、小麦秸秆进行本田覆盖的措施。据莱州市试验,玉米地实行小麦秸秆本田覆盖后,腾发量减少了31.9 mm,占常规栽培条件下腾发量的 8.03%。如山东省的低山丘陵区果园、茶园秸秆覆盖较多,覆盖材料多是麦秸、麦糠、杂草等,覆盖时间为春季或夏季,覆盖量为 500~1 000 kg/亩,覆盖秸秆厚度一般为 15~20 cm。秸秆覆盖在果树树盘范围内,同时在果树树干周围留出直径为 40 cm 的空地,以便于夏天排涝,秸秆覆盖后要撒少量土压实,以防风吹和火灾。为避免秸秆腐烂可能出现的果树暂时缺氮现象,第一年覆盖时每亩要比常规施肥多施尿素 10 kg。据莱州市试验,果园秸秆覆盖后,土壤含水量高于地面裸露部分2~4百分点,水分腾发量减少了155.4 mm,占常规栽培下苹果水分腾发量的19.78%。

2.4.2 地膜覆盖保墒技术

2.4.2.1 发展和应用范围

　　地膜覆盖如图2-8所示,在我国20世纪60年代开始试验研究,20世纪80年代正式在全国推广应用,并得到不断完善和发展,由单季地膜覆盖扩展到周年地膜覆盖多种模式,对农业生产具有很大的促进作用。地膜覆盖主要用于旱作农业区、旱寒地区、灌溉条件较差的地区以及经济作物种植区。应用的主要农作物有小麦、玉米、棉花、花生、甘薯、马铃薯、甜菜、蔬菜、瓜果等。山东省地膜覆盖推广面积较大,是山东省旱作农业史上最普遍、最有效及增产幅度最大的一项技术。

图2-8　地膜覆盖

2.4.2.2 机制和作用

　　农田地膜覆盖阻断了土壤水分的垂直蒸发,使水分横向迁移,增大了水分蒸发的阻力,有效地抑制土壤水分的无效蒸发,对土壤水分的抑蒸力可达80%以上。覆膜的抑蒸保墒效应促进了"土壤–作物–大气"连续体系中水分的有效循环,增加了耕层土壤储水量,有利于作物利用深层水分,改善作物吸收水分条件、水热条件及作物生长状况,有利于土壤矿质养分的吸收利用。

　　农田实行地膜覆盖后,土壤水分与大气交换受到地膜的隔离,从土壤表面蒸发出来的水汽只能滞留在地膜内的小环境中。当早晚气温较低时,在膜下形成水滴,并不断滴在膜下土壤中,再渗入到下层土壤中。当白天温度上升时,土壤水分再次蒸发,温度降低时又凝结成水,这样周而复始,构成一个水汽小循环,使土壤含水量增加。另外,地膜覆盖以后,地表温度升高,在无重力水的情况下,由于土壤热梯度的差异,促使深层土壤水分向上移动,提高了上层土壤水分含量。

2.4.2.3 技术要点

1. 精细整地

精细整地是地膜覆盖的基础。地膜覆盖的田块要进行翻耕,耕后及时耙糖保墒,达到地平、土碎、墒足,无大土块,无根茬,为保证覆膜质量创造良好条件。

2. 科学施肥

根据土壤养分亏缺状况,科学配比施肥是地膜覆盖增产的保证。一般来说,在土壤翻耕时要施足基肥。基肥以有机肥和磷肥为主,有机肥施用量较常规增施 30%~50%,作物中后期应及时采用根外追肥、水肥结合的方法补充肥水,以防止作物脱肥早衰。目前,随着控释肥推广应用,能够有效解决地膜覆盖带来的追肥不方便的问题。

3. 起垄

要根据种植作物需要进行起垄,垄向以南北向为宜。垄做好后,再轻轻镇压垄面,使垄面光滑平整,利于地膜绷紧,膜面能紧贴垄面,增温保墒效果好,而且还有利于土壤毛细管水分上升。在干旱少雨地区,大面积采用地膜覆盖时,应在垄沟中分段打埂,以便纳雨蓄墒。

4. 喷洒除草剂

地膜覆盖容易在膜下滋生杂草,特别是在多雨低温年份,易形成草荒,与作物争水、争肥、争光照,影响盖膜效果。所以,在覆膜前要适当使用除草剂,按照适宜的剂量和稀释浓度均匀地喷洒地面,以防药害。

5. 覆膜

覆膜质量直接关系到地膜覆盖的效果,是地膜覆盖栽培的关键。整地、起垄、喷洒除草剂后应立即覆膜。覆膜时,要将地膜拉展铺平,使地膜紧贴地面。地膜的两侧、两头都要开沟埋入土中,并要压紧、压严、压实,使膜面平整无坑洼,膜边紧实无孔洞。然后再在膜面上每隔 1.5 m 压一土堆,每隔 3 m 压一土带,以防风吹揭膜。应用地膜覆盖机覆膜,功效高,质量好,均匀一致,并且节省地膜。

6.田间管理

在播种、定植后，覆盖在田间的地膜常会因风吹、雨淋和田间作业遭到破坏，有的膜面出现裂口，有的膜侧出现漏洞，如不及时用土封堵严实，地膜会很快裂成大口，使地温下降，土壤水分损失，杂草丛生，失去盖膜的作用。因此，在田间管理时，应注意不要弄破地膜，要经常检查，发现破口及时封堵，以防大风揭膜，造成毁苗、伤苗。

2.4.2.4 主要技术效果

1.增产效果

与不覆盖相比，地膜覆盖增产效果显著。一般大田作物花生、棉花增产30%~40%。据山东省农业技术推广总站资料，花生实行地膜覆盖比不覆盖每亩平均增产101.2 kg，增产率为38.8%。利用地膜覆盖栽培的果类、蔬菜可提早上市2~10 d，增产30%~50%。

2.增温效果

地膜覆盖栽培的最明显效果是提高土壤温度。春季低温期间采用地膜覆盖，在白天接受阳光照射后，0~10 cm深的土层内温度可提高1~6 ℃，甚至8 ℃以上。春季及冬季低温期间，地膜下土壤表层温度的提高，有利于作物生长发育。

3.保墒效果

由于薄膜的气密性强，地膜覆盖后能显著减少土壤水分蒸发，增加耕层土壤含水量，并使土壤湿度稳定，有利于根系生长。据山东省青州市、海阳市、沂水县的测定结果，冬前膜下耕层土壤含水量比对照高3.6百分点，夏初5月膜下土壤含水量比对照高9.8百分点。随着土层的加深，水分差异逐渐减小。

4.土壤改良效果

地膜覆盖可以避免因灌溉或雨水冲刷而造成的土壤板结现象。因它的增温、保墒效应，能促进土壤微生物的活动和有效养分的释放，使土壤疏松、通透性好，土壤结构有明显改善。

地膜覆盖有许多优点，但是连续多年使用地膜，会使土壤中残膜量增加，造成"白色污染"，在推广应用中要注意回收残膜，建议使用可降解地膜，限制使用超薄膜。

2.4.3　化学覆盖保墒技术

化学覆盖是利用高分子化学物质加工成的乳剂,喷洒到土壤表面,可形成一层覆盖膜,阻止水分子通过,从而抑制土壤水分的蒸发,起到保墒增温作用。

化学覆盖剂,又称土壤保墒增温剂,按所用原料的不同,化学覆盖剂有合成酸渣制剂、天然酸渣制剂、沥青制剂、渣油制剂等,其中以合成酸渣制剂和沥青制剂效果较好。

2.4.3.1　使用方法

目前,市场上化学覆盖剂商品不多,主要为高浓度乳状液,使用时加水缓慢稀释到一定的倍数(只能按规定倍数稀释,浓度过稀会破乳不能成膜),然后用压力喷射机均匀喷洒在土壤表面,每公顷用量为 1 200~2 250 kg,经 1~2 h 后,脱水破乳,与土粒黏结,形成一层连续的薄膜。

2.4.3.2　作用与功效

1.保墒作用

喷洒化学覆盖剂后,土壤水分向大气蒸发的通道被阻断,在一般日蒸发量为 1.5~9 mm 的情况下,蒸发量可减少 33%~49%,15 d 时间里可节水 30 mm,有效地保持了土壤水分。

2.增温作用

化学覆盖剂应用后,效果类似地膜覆盖,除抑制土壤水分蒸发外,还可提高土壤温度,有利于早春播种发芽和幼苗生长。据试验测定,晴天地表温度可升高 5 ℃以上,20 cm 土层日平均温度上升 2 ℃以上。

3.减轻水土流失

由于化学覆盖剂在土壤表面形成了一层覆盖膜,在抑制土壤水分蒸发的同时,能使表层土壤颗粒胶结,在降雨时,可减轻雨水对土壤表土的冲刷,起到保持水土的作用。

2.4.4　砂石覆盖保墒技术

砂石覆盖(见图 2-9)是利用卵石、砾石、粗砂和细砂的混合体覆盖在土壤表面,铺设一层厚度为 5~15 cm 的覆盖层,称为砂田或石田。砂田是甘肃省干旱地区创造出来的蓄水保墒、防旱抗旱、提高地温、保护土壤的一项有效措施,已经有三百多年的历史。

图 2-9　砂石覆盖

2.5　保护性耕作技术

保护性耕作是利用还田机械或收获机械将秸秆直接粉碎后均匀抛洒在地表,然后实施机械免(少)耕播种,以达到改善土壤结构,培肥地力,提高抗旱能力,减少风蚀、水蚀,节本增效,保护环境的目的。保护性耕作技术是采用机械化装备和手段作为载体来实现农业可持续发展的一项先进耕作技术。

2.5.1　疏松土壤原理

传统耕作是耕翻土壤表层,其目的是为作物生长创造良好的土壤条件,主要是疏松土壤、除草和翻埋肥料。通过耕作促进土壤中水、肥、气、热的交换流通,以利于作物生长发育。保护性耕作的松土原理与传统耕作不同,可以概括为以下五个方面。

2.5.1.1　根系松土

作物的根系死亡腐烂后,留下大量孔道,可以进行水分入渗、运移、气体交换。免耕时间愈长,孔道积累愈多,对作物生长愈有利。但经过翻耕后,这些孔道就被破坏。所以,实施保护性耕作切忌经常翻耕。

2.5.1.2 蚯蚓松土

由于土壤长期未人工翻耕和植物大量根系的保留,为土壤生物的生存繁衍提供了客观环境条件,如蚯蚓、微生物等。蚯蚓在不断地制造孔道(见图2-10),所造孔道粗细适当,是很好的水、气、肥通道,有利于形成良好的耕层。根据中国农业大学等在山西省临汾市的测定,传统耕作小麦地没有蚯蚓,保护性耕作6年的麦地每平方米有蚯蚓3~5条,10年以后有10~15条。旋耕作业对蚯蚓有很大杀伤性,从这一观点看,保护性耕作不宜采用旋耕作业。

图2-10 蚯蚓松土

2.5.1.3 胀缩松土

土壤冬冻春融、干湿交替使土壤在膨胀和收缩的自然过程中趋向疏松,孔隙度增加。

2.5.1.4 结构松土

通过生物残茬碎秆的混入,增加了土壤有机质,促进了土壤团粒结构的增多、微生物活性的增强,有利于耕层疏松、稳定,且不容易在降雨、灌水等影响下回实。由于有机质增多、耕作减少,有利于形成团粒结构。

2.5.1.5 机械深松

在土壤自我恢复能力不能满足农业生产需要时,可以用机械对土壤补充深松,如图2-11所示。机械深松不打乱土层,不破坏地表覆盖物,对蚯蚓等杀伤小。实施保护性耕作第一年,为打破犁底层疏松土壤,可以进行深松。

图 2-11　机械深松

2.5.2　主要技术模式

按照经济效益优先、产量稳定增产、农机作业环节科学衔接、农业生产环境改善、农业生产资源有效利用的原则,根据玉米收获方式的不同,山东保护性耕作技术模式主要有两种。

(1)玉米联合收获技术模式:玉米联合收获秸秆粉碎覆盖地表→机械深松(2~4年一次)→小麦免耕播种→小麦田间管理→灌溉(有灌溉条件)→小麦联合收获秸秆覆盖地表→机械玉米免耕播种→玉米田间管理→灌溉(有灌溉条件)。

(2)玉米人工收获技术模式:玉米人工收获→秸秆粉碎覆盖地表→机械深松(2~4年一次)→小麦免耕播种→小麦田间管理→灌溉(有灌溉条件)→小麦联合收获秸秆覆盖地表→玉米免耕播种→玉米田间管理→灌溉(有灌溉条件)。

2.5.3　技术要点

保护性耕作主要包括秸秆覆盖、免(少)耕施肥播种、机械深松和机械植保四项技术。

2.5.3.1　秸秆覆盖技术要点

收获后秸秆和残茬留在地表覆盖,是培肥地力、蓄水保墒、保护环境的关键。因此,要尽可能多地把秸秆留在地表,在进行整地、播种、除草等作业时,要尽可能减少对覆盖状况的破坏。为减轻作物残茬对播种质量的影响,秸秆粉碎质量要高,抛撒要均匀。

小麦秸秆覆盖(见图 2-12):小麦联合收获后秸秆直接切碎覆盖,秸秆切碎长度不大于 10 cm,合格率高于 90%,抛撒不均匀率低于 20%。

图 2-12　小麦秸秆覆盖

玉米秸秆覆盖(见图 2-13):玉米联合收获直接切碎还田,或者人工收获后用秸秆还田机直接粉碎还田覆盖。玉米秸秆切碎长度应小于 5 cm,秸秆切碎合格率高于 90%,抛撒不均匀率低于 20%,秸秆覆盖率不低于 30%。

图 2-13　玉米秸秆覆盖

畜牧业发达或秸秆有特殊利用途径的地区,夏秋至少秸秆还田一季,其中秸秆未还田的一季,应进行高留茬还田。

2.5.3.2　免(少)耕施肥播种技术要点

免(少)耕施肥播种技术就是在秸秆覆盖的地里,直接进行施肥和播种。

免(少)耕施肥播种是保护性耕作的核心技术。

（1）小麦免耕播种前，取消铧式犁或旋耕机对土壤的耕翻。播种时，动土量越少越好。播种后，种床内秸秆量尽可能少，形成的地表覆盖的作物残茬不影响小麦出苗及生长发育。开沟、施肥、播种、镇压等多道工序尽可能一次完成，实现复式作业，减少机械对土壤的碾压破坏。

（2）玉米免耕播种作业。播种量为 1.5～2.5 kg/亩，播种深度为 3～5 cm，沙土或干旱地区应适当增加 1 cm 左右，在种子侧下方 4～5 cm 施肥。小麦免耕播种作业：播种量为 5～10 kg/亩，旱地 12～15 kg/亩，播种深度为 2～4 cm，落籽均匀，覆盖严密，在种子下方 5 cm 左右施肥。

（3）选择优良品种，并对种子进行精选处理。要求种子的净度不低于98%，纯度不低于97%，发芽率达95%以上。播前应适时对所用种子进行药剂拌种或包衣处理。

（4）作业质量。播种量按农艺要求选择，播种量上限误差要低于0.5%，下限误差低于 3%，种子机械破碎率不高于 0.5%，播种深度合格率不低于75%，地头起落整齐，地头宽度为播种机的 2～4 倍。

2.5.3.3　机械深松技术要点

机械深松技术是在不翻土、不打乱原有土层结构的情况下，用机械疏松土壤，打破犁底层，增加土壤耕层深度。机械深松可熟化深层土壤，改善土壤的通透性，增强土壤蓄水保墒能力，促进作物根系生长发育，提高作物产量。

（1）根据不同土壤条件，选择相应机具进行深松作业，作业时土壤含水量应为15%～22%。

（2）根据土壤条件和土壤压实情况，一般 2～4 年一次。对新采用保护性耕作的地块，可能有犁底层，应先进行一次深松，打破犁底层。

（3）小麦播前深松。在局部深松时，采用带翼深松铲或振动深松机进行下层间隔深松，深松间隔 40～60 cm，深松深度为 23～30 cm。在全面深松时，深松深度为 35～50 cm，不得有漏松现象。

（4）作业深度一致，不重不漏，松后平整地表。

（5）深松后要及时镇压，裂沟要合墒弥补，直接进行小麦免耕播种作业。

2.5.3.4　机械植保技术要点

机械植保技术就是利用药械将化学药物喷洒到田间，进行病虫草害防治的措施。

（1）根据防治目的,采用相应的药液配制规程和正确的施药方法。药液要均匀地喷洒在作物茎秆和叶子的正反面,同一地块同种作物应在 3 d 内完成一遍作业。

（2）用药量要符合当地农业技术要求,作业中无漏液、漏粉,喷洒不重、不漏,交接行重叠量不大于工作幅宽的 3%。

（3）风力超过 3 级、露水大,雨前及气温高于 30 ℃时不宜作业。农药持效期和安全使用间隔期,一般不再使用农药。

（4）机组作业采用梭式行走法作业。

2.6　化学调控技术

随着新材料和新技术的不断发展,越来越多的化学制剂应用于旱地农业生产,形成化学调控水分的新技术。按使用对象,化学抗旱剂可分为用于土壤和用于作物两大类。用于土壤的有提高土壤蓄水能力的保水剂和抑制土面蒸发的土面保墒增温剂,用于作物的有抑制叶面蒸腾、降低叶面温度、加强光合能力、调节作物生长、促进根系发达等不同功能的制剂。以下分别介绍几种目前使用较多的土壤和作物化学抗旱制剂。

2.6.1　保水剂的应用

保水剂从成分上大致可分为无机、有机和高分子合成物质三类。保水剂吸水速度快(吸水能力可达 50～500 倍),在干旱环境下能将所含水分通过扩散慢慢渗出,并能反复吸水和渗水。20 世纪 70 年代,美国首先将保水剂用于农林业生产。我国继美国、日本、西欧之后,于 20 世纪 80 年代开始研究并研制出各种类型的保水剂。保水剂有不同类型的产品,按照形态分为粉末状、纤维状、片状,按照原料的不同分为淀粉类、纤维类、合成聚合物类。

2.6.1.1　保水剂的作用与功效

1.提高土壤吸水能力

保水剂具有吸水和保水能力,主要是由于保水剂分子内部拥有大量的可电解的羧酸盐基团,这是吸水的动力。另外,它是低交联物质,吸水后网状结构撑开,蓄水空间加大,持水能力增强。保水剂与土壤大颗粒混合后,遇灌水或降水,保水剂便吸水膨胀,在土壤中形成一个个"小水库"。当土壤干旱时,"小水库"逐渐释放出蓄存的水分,供植物根系吸收,保水剂恢复原状。再遇灌水或降水又能吸水形成"小水库"。

2.增强土壤保水和调温能力

国内许多试验证明,大田施用一定数量的保水剂,一般可提高土壤持水率40%左右。同时,由于施用保水剂,土壤保持了大量水分,土壤热容量增大,而蒸发缓慢,土壤热损失减少,从而维持了较稳定的土壤温度,使白天最高温度偏低,夜间最低温度偏高,昼夜温差减小。早春最低温度可比不施保水剂土壤高,晚秋地温下降缓慢,夏季最高温度比不施保水剂的低,抑制了土壤温度的骤升骤降。但保水剂对土壤温差的影响随着土层的加深而减弱。在作物生长中后期,保水剂对地温的影响不如前期显著。

3.改善土壤结构

施用保水剂可以改善土壤的团粒结构。保水剂在土壤中吸水膨胀,把分散的土壤颗粒黏结成团块状。结构的改善使土壤容重下降,孔隙度增加,调节土壤水、气、热状况,使其向有利于作物生长方向变化。

4.提高土壤保肥能力

保水剂的保肥能力是因为它不仅具有表面分子的吸附、离子交换作用,而且保水剂网状结构中的大量可解离的离子可与肥料溶液中的铵离子进行交换,大量的羧基还能吸引或络合肥料中的养分,同时保水剂还能以"包裹"的方式把土液中的铵离子包裹起来,以减少化肥的淋失。但当保水剂与肥料混合使用不当时,会使保水剂失去亲水性,降低保水剂的吸水能力,所以,保水剂不能与带有锌、锰、镁等二价金属的肥料混施,但可与硼肥、钼肥、钾肥、氮肥混合使用。

2.6.1.2　保水剂使用方法

保水剂价格较贵,直接施入土壤造价太高,难以大面积推广,但采用种子涂层、根部及插条涂层等方法可以取得满意的效果。山东省在山区应用保水剂植树较多,大大提高了树木的成活率,部分果园采用穴施保水剂,抗旱效果较好。

1.种子涂层

将保水剂与水在搅拌下配成一定浓度的涂层液,将种子慢慢放入,搅拌混合均匀,放在水泥地上或干土上晒干,种子表面即形成一层薄膜,然后播种。保水剂的用量根据种子的播种量而定,粮食作物和棉花种子采用种子重量的

0.5%~1%为宜。种子用保水剂涂层后,相当于给种子进行了包衣,使种子周围含水量提高,能供给幼苗生长较多的水分,并缓和昼夜地温变化的剧烈程度。涂层中可添加一些农药和激素,减少土壤病菌危害,促使种子早发芽、早出苗。

2.根部及插条涂层

根部及插条涂层主要用于树苗、花卉幼苗、菜苗的暂时储存、移栽和运输过程。苗木挖出后洗去根部泥土,将保水剂和木屑以1:1(质量比)混合,附于根部,把苗木捆扎成束,将其根部装入刺有小孔的聚乙烯塑料袋中,再放入水中浸渍2 h,充分吸水后定植,可提高成活率。此法也适用于苗木的长途运输。插条涂层应用于甘薯秧苗栽植、果枝繁殖、树枝扦插等。保水剂与水以1:1(质量比)混合,将剪好的插条放入调好的保水剂胶状分散体中,插条蘸上保水剂后取出稍晾干即可栽植。

3.掺入土壤

用于苗床土的可将表土与占表土重量0.3%~0.5%的保水剂混合,能提高土壤保水能力。用于穴施的用量为穴沟干土重量的0.05%~0.2%,施入量太少起不到蓄水保墒作用,施入量过大不但成本高,而且雨季常会造成土壤储水过高。

4.流体播种

流体播种是美国、日本和欧洲一些国家采用的一种新播种工艺。它的做法是将催芽种子和保水剂胶液按适当比例混合后,用流体播种机播种。因有弹性的保水剂胶液流体的保护,播种时不会伤害已出芽的种子。近年来,我国也已试验研究这种新技术,河南省镇平县农业技术推广中心进行了小麦流体播种新技术试验研究。结果证明,在播后一直未下雨的情况下,土壤含水量不足12.3%时,流体播种4~5 d即达全苗,出苗率提高7%。

2.6.2 黄腐酸(FA)的应用

黄腐酸(见图2-14)属于抗蒸腾剂的一种,含有植物所需的多种营养元素和氨基酸及生理活性强的多种生物活性基团,能有效地降低植物叶片气孔的开张度,减少植物的水分蒸腾,保持植物体内水分,提高植株体内多种酶的活性,促进根系发育,增加植物叶片叶绿素的含量,增强光合作用,调节作物的生长发育。

图 2-14 黄腐酸

2.6.2.1 作用机制

1.控制气孔开张度,降低蒸腾强度

在作物需水临界期遇到干旱时,叶面喷施 FA 能明显地使气孔开张度减小和蒸腾降低。在喷施 2 d 后,用印迹法测定小麦倒 2 叶的气孔开张度,结果是用 FA(0.5%)处理的为 0.6 μm,而对照的为 2.2 μm,且这种抑制气孔开张度的效应大约可延续 10 d。河南省科学院生物研究所测定表明,喷施 FA后,作物蒸腾强度在 3~7 d 内均低于对照,9 d 的作物总耗水量较对照减少6.3%~13.7%。

2.促进根系生长,提高根系活力

由于 FA 中活性基因的含量较高,对植物具有较强的刺激作用。试验结果证明,用 FA 拌种,对作物根系生长发育有明显的促进作用,主要表现在根系发达,密度大,冬小麦越冬期单株次生根比对照多 3.3 条、总根重多 2.1 g,分别增加 54.1% 和 23.9%。

3.改善水分状况,提高抗旱能力

在干旱条件下,作物通过发育良好的根系不断地吸收和利用土壤深层水分。据测定,FA 拌种的小麦叶片含水率比对照增加 4.9%。另外,由于有效地抑制了气孔开张度,降低了作物蒸腾量,耗水量减少,土壤水分消耗速度也相应减慢,土壤含水量比对照提高 0.8~1.3 百分点。

4.增加叶绿素含量

小麦在拔节孕穗期受到干旱时,表现出叶绿素含量下降,叶片发黄,叶面喷施 FA 后,叶绿素含量明显高于对照。这种效应可一直持续到灌浆初期,甚至灌浆中期,这对提高叶片的生长活力和光合能力、增加干物质积累,无疑是非常重要的。

2.6.2.2　增产效果

使用 FA 对作物地上部和地下部的生长均有刺激作用,可在一定程度上缓解土壤的水分胁迫,增强作物抗逆能力,促进作物健壮发育,因而具有显著的抗旱增产和改善品质的效果。据山东省水利科学研究院在桓台县的试验资料,小麦采用 FA 拌种比不拌种提前一天出苗,出苗率也明显高于对照,冬小麦平均增产 10% 左右。在小麦的孕穗期和灌浆期两次喷施 FA,在同等灌水条件下,穗粒数平均增多 1.17 粒,千粒重增加 2.43 g,水分生产率均达 1.5 kg/m³ 以上,比对照提高 6%~8%。

2.6.2.3　使用方法

1.拌种

拌种时,FA 用量及浓度参照产品说明书进行操作。

2.喷施

小麦每公顷用 FA 750 g,加水 900 L。玉米每公顷用 FA 1 125 g,加水 900 L。喷施宜在作物对水分敏感期进行,小麦在孕穗和灌浆初期,玉米在大喇叭口期,喷施 2~3 次效果好,每次间隔 10 d 左右。应喷施在植物功能叶及上部叶片上,选择在无风晴天上午 10 时以前或下午 4 时以后进行,24 h 内遇雨要重喷。

2.7　国内外先进节水灌溉技术

2.7.1　国外节水现状及先进节水灌溉技术

进入 21 世纪,随着世界人口的不断增加、生产的不断发展和社会的进步,全球水资源日趋紧张。目前,占世界人口 40% 的 80 个国家淡水供应短缺已成为限制其经济社会发展的重要因素。据统计,全世界 1.4×10^9 hm² 耕地中,主要依靠自然降水从事农业生产的旱地占 70% 以上。而灌溉面积增长速度缓慢,年增长率不到1%。为此,世界各国都在积极探索解决水资源短缺的有效途径,节水农业的研究和发展已成为农业领域里一场新的技术革命。从国外节水农业发展的过程看,对水资源的利用和保护经历了认识与发展以及不断完善的过程,并且在保护生态环境、自然资源的持续利用方面给予了充分的重视。通过大力推进适应性种植、雨水集蓄、节水工程及灌溉、农艺与高效管理等措施,实现农业生产、资源持续利用和环境保护多重目标。以下对国外应用的主要节水农业技术进行简要介绍。

2.7.1.1 田间工程节水技术

1.雨水集蓄技术

利用田间地面、路面、屋顶、温室膜面等,因地制宜地修建各类集水设施,收集雨水和地表径流,以供直接利用或注入当地水库或地下含水层。以色列从北部戈兰高地到南部内盖夫沙漠,全国分布着百万个集水设施,每年收集 $(1\sim2)\times10^8\ m^3$ 水。美国则制定雨水收集系统的标准或规划指南以及系统的优化设计,其雨水收集设施主要有钢制容器、外表涂有橡胶或包有塑料的纤维可折叠容器、纤维玻璃小槽、聚乙烯容器等,集雨面用柔性膜、沥青或其他不透水材料进行处理。

2.渠道防渗技术

灌溉渠道衬砌是减少田间输水损失、提高灌溉水利用率的重要措施。各国用于衬砌的材料包括刚性材料、土料和膜料三大类。刚性材料(尤其是混凝土衬砌)曾经占主导地位,随着化学工业的发展和机械化施工技术的进步,以聚乙烯和聚氯乙烯薄膜为主的膜料衬砌的比重日益增大。膜料衬砌具有防渗效果好、耐久性强、造价低及便于施工等优点。在美国用作水工建筑材料的高分子聚合物种类日渐增多,应用范围也逐渐扩大。美国从开挖渠床、铺设塑料薄膜直到填土或浇筑混凝土保护层都由机械完成。俄罗斯和乌克兰也在中小型渠道采用了整体浇筑混凝土和混凝土预制板衬砌下加铺 0.2 mm 厚防渗膜料的方法。印度旁遮普邦在预制硅砖下加铺廉价聚乙烯薄膜,渠道运行 15 年,状况良好,取得了显著的工程效益。

3.低压管道输水技术

低压管道输水不仅可以减少输配水损失,还具有节地、适应地形强、防冻胀等优点,且有利于管理,在国际上已成为田间输水技术的主要方向。美国低压管道输水灌溉面积已占总灌溉面积的 50% 以上,加利福尼亚州圣华金河谷灌区支渠以下全部管道化,渠系水利用系数达到 0.97。日本、以色列、东欧各国以及加拿大、澳大利亚等国发展也很快。国外低压管道灌溉技术已趋成熟,包括地面和地埋两种类型。地面管材主要有柔性聚乙烯软管、薄壁镀锌管、铝合金管、尼龙涂橡胶管,地埋管材包括低压混凝土管、涂塑薄壁钢管、轻型半硬质塑料管。今后的主要研究方向是开发性能更优、价格更低的新型管材和各种先进量水、放水设备,以适应多目标利用和自动化管理需要。

2.7.1.2 灌溉节水技术

1.喷微灌技术

采用高效节水的灌溉技术是提高农业水利用率的一个重要途径,喷微灌技术是世界灌溉节水技术发展的主流。欧洲国家 82% 的灌溉面积利用先进的喷微灌技术,仅有 14% 的灌溉面积利用地面重力灌溉。喷微灌技术在以色列、美国、俄罗斯和欧洲一些国家发展比较快,以色列、德国、奥地利三国的喷微灌灌溉面积占本国灌溉面积的 100%。

与喷灌相比,微灌节水、节能,增产效果更显著,故其发展势头强劲。如以色列水资源极度贫乏,十分重视选用最节水的灌溉技术,滴灌比例已达 70%。美国、以色列正在发展地下滴灌技术,取得了较地面滴灌更好的效果,并且有利于使用污水灌溉。而以重力(低水头)滴灌为代表的家庭小型微灌系统则特别适合在发展中国家推广。

喷微灌技术发展趋势是:低压节能型;与施肥、喷药等结合;适合不同地形、作物和环境的系统设备;改进设备、提高性能;产品日趋标准化、系列化、通用化;运行管理自动化。

2.激光平地灌溉技术

利用激光平地技术进行土地平整,如图 2-15 所示,整个地块的高差控制在 2~3 cm 内。激光平地后,比常规畦灌节水 20% 以上。美国、加拿大等大力推广激光平地技术,改进地面灌溉系统,极大地提高了田间用水效率。

3.改进地面灌溉技术

在发展喷微灌技术的同时,各国非常重视对常规灌水方法的改进与发展,并研制波涌灌溉(美国),地面浸润灌溉(日本),负压差灌溉、土壤网灌溉、小型干燥器或雾水收集器集水灌溉(南美),皿灌(印度、巴西),水平池灌溉(美国)等新技术、新方法。

图 2-15　激光平地技术

2.7.1.3　生物与化学节水技术

1.选育耐旱作物与节水品种

耐旱作物一般在生长关键期能避开干旱季节，或抗逆性强，或能和当地雨季相吻合，在雨季快速生长，以充分利用有限的降水。印度和美国十分重视高粱品种的选育研究。目前，全印度推广应用的节水高效高粱杂交品种已达 45 个，覆盖面已达 38%。这些品种不仅产量高，而且品质优良，有些高粱的口感可以和我国的粳米相媲美。美国旱区高粱广泛用于畜牧业必需的青贮料、青刈干草、残茬放牧，更是残茬覆盖保护耕作法的关键环节。高粱水分利用效率高，生产性能稳定，已成为高粱-肉牛旱地农牧制度的基础。美国注重强化高粱耐旱性能的工作，得克萨斯州农业试验站用渐渗杂交法将高大、晚熟、不适应温带的热带高粱种质转变成矮秆、早熟、有栽培价值、适应温带的类型，扩大了种植利用范围。亚利桑那州的 Tucson 试验站，大力筛选耐盐、省水植物，以丰富现今栽培的作物种群。

2.基因节水

基因节水就是通过植物水分利用效率基因定位、分子标记、基因克隆、功能基因组研究等生物新技术，结合常规育种，培育出抗旱、高产、高水分利用效率品种。2000 年，美国科学家 Elumalai 将来自大麦的 HVA1 基因转入小麦，使这种转基因小麦后代的 WUE 得到了改良提高。澳大利亚的 Masle 等在 *Nature* 上发表论文，将控制蒸腾效率的 QTL 定位在第 2 染色体上的 ERECTA 标记上，然后他们从拟南芥中克隆出了这个 ERECTA 基因，它是一个富亮氨酸重复片段的受体激酶基因，可以改变叶片气孔数目和叶片结构，已被证实能调控植株蒸腾效率,可改良作物抗旱性及提高水分利用效率。

3.化学覆盖

化学覆盖是以多分子膜阻碍土壤水汽散发,水汽在膜下聚集凝结使耕层土壤水分含量升高。国外使用农田化学覆盖的有美国、日本、法国、印度、罗马尼亚、比利时等 10 多个国家,增产 10%~30%。农田化学覆盖材料包括石蜡、沥青乳剂、树脂、橡胶、塑料等,使用方式包括成膜、泡沫和粉末覆盖。

4.保水剂

美国农业部北部研究中心于 20 世纪 70 年代合成了吸水性很强的保水剂,包括淀粉系、纤维素系和合成聚合体 3 个系,用于抗旱保苗、植树造林、种子涂层和树苗移栽等方面,取得了良好效果。日本、英国、法国等国都研制、使用了自己的保水剂产品。研究较多的是以乙烯醇、丙烯酸盐类和交联聚丙烯酸盐组成的聚合体。今后的主要研究方向是延长其使用寿命,以提高利用效益,确保经济性。保水剂及其分解后的成分对土壤和作物有无不利影响还需要进一步研究。

5.抗蒸腾剂

据研究人员测定,作物根系吸收的水量只有 1%成为作物细胞的组成部分,其余的 99%都通过作物蒸腾进入大气。这些水中有一部分是作物维系生命所必需的,另一部分则属于无效散失。据美国研究资料,使用抗蒸腾剂可减少土壤水分损耗 40%左右。抗蒸腾剂主要作用类型有代谢型、薄膜型和反射型。

2.7.1.4　管理节水技术

1.确立农业水权

在澳大利亚,一个流域的水资源权属是该流域的所有农民,农民土地的大小决定了水权的比例。澳大利亚政府专门设立了水银行(water bank),农民水权都在水银行"储蓄",灌溉用水相当于"取现",如有多余的水,可以通过水市场(water market)出售。无论是水权还是水市场,最根本的基础就是根据土地大小确立农民的水权。现在澳大利亚城市建设、工业发展、生态恢复等需要增加大量用水,澳大利亚采取的做法:一是花钱从农民手中购买水资源使用权;二是投入巨额资金发展节水农业,资助农民采用节水农业技术和设备,提高农业用水效率,在保证农业生产用水的前提下,有更多的水支援经济发展。澳大利亚政府制定了 10 年规划,总计投入 110 亿澳元用于改善农田用水基础设施,资助农民购买和使用现代节水灌溉设备。

2.节水信息管理

随着淡水资源供需矛盾的日益突出,近些年来不少国家已注意研究农业经济用水和用水管理现代化问题。灌溉用水管理实质上是灌溉用水信息管理,合理的灌溉及其相应的措施取决于可靠的用水信息。美国、日本等发达国家的用水信息管理比较先进,如美国加利福尼亚州在土壤墒情监测的基础上,建设了灌溉管理信息系统,包括由设在重点农业区的70多个监测站组成的网络,每个站的观测数据自动传输到数据计算中心,包括降雨、土壤水分、空气温度、风向风速、相对湿度等数据,经分析校准后存入灌溉管理信息系统数据库,根据作物生育阶段进行灌溉决策和建议,通过网站提供给农户,包括灌溉方法、灌溉时间和灌水量等。

3.自动化管理

随着科学技术的迅速发展,发达国家普遍采用计算机、电测、遥感等新技术进行农业用水管理。在美国,大型灌区都设有调度中心,实行自动化管理。日本于20世纪80年代初新建或改建的灌区,大多从渠首到各分水点都安装有遥测、遥控装置。罗马尼亚大多数灌区在20世纪80年代初便实现了自动化或半自动化管理。以色列不论大小灌区,全部采用自动化控制。

2.7.2 国内节水灌溉现状及先进灌溉技术

随着科学的进步,我国对于水资源的合理利用越来越重视。虽然在农业生产方面,水资源节约意识不断深化,且相关节水措施不断落实,但依然不够完善。水资源在全球范围内都属于宝贵资源,目前,各个国家研发出越来越多的节水措施。我国农业在节水措施上若要实现创新和突破,需要不断借鉴其他国家的科学技术,提高我国农业灌溉技术水平,达到合理利用水资源的目的。由于水资源在全球范围内分布不均,因此不同国家需要根据本国水资源现状采取适合的农业节水措施。对发展中国家来说,我国要利用先进的科学技术,不断提升农业灌溉技术水平,使农业发展与合理利用水资源共同达成。

在我国农业生产过程中,与世界其他国家相比,水资源使用情况存在浪费现象。据统计,我国农业土地平均浪费水资源10 t/hm^2。我国水资源利用率与发达国家相比,相差35%~45%。这组数据说明我国农业水资源浪费较严重,在节水措施方面有待提高。如北京市农业节水灌溉工作始于20世纪80年代,当时主要是通过引进新技术、新品种和改进灌溉设备来推广节水灌溉。2000年后,北京市开始加大对农业节水灌溉的投入,建立了一批节水灌溉设施,推广了高效节水灌溉技术,使北京市农业节水灌溉取得了一定的进展。截至2022年,北京市已经建成节水灌溉设施3 000余处,年节约用水总量达到2亿m³。

然而,北京市农业节水灌溉仍然存在一些问题。首先,北京市农业节水灌溉设施不完善,部分设施落后、老化,无法充分发挥其作用。其次,北京市农业节水灌溉技术单一,大多数采用传统的滴灌、喷灌等技术,无法充分发挥节水灌溉的优势。最后,北京市农业节水灌溉管理不规范,部分农民对节水灌溉的重要性认识不足,未采取有效的节水措施。但近年在都市型现代农业的发展战略引导下,北京农业以环境友好型、资源节约型为着眼点,从农业节水技术示范、应用入手,逐步发展节水灌溉新技术,建立百个高效节水示范区,带动北京市农业节水水平全面提升。

2.7.2.1 农艺节水

节水灌溉是节水农业的核心,过去北京市节水灌溉项目以工程节水措施为主,今后则应转向工程、农业技术和管理并重的综合节水措施,把农作物的品种改良、耕作制度和施肥方式的改革、先进农业科技的应用,以及节水工程的投入、建设管理和运营机制等有机地结合起来,在进行工程节水的同时,重视农艺节水和管理节水,实现综合节水。只有节水灌溉工程和作物的灌溉制度、灌水技术有机地结合起来,才能取得节水灌溉的真正效果。农艺节水是工程节水的有效补充,抓好农艺节水可以达到事半功倍的效果。国内外实践证明,农艺节水技术既可降低农业用水的投入成本,又能促进增产增收,对于缓解农业用水紧张状况、促进农业生产发展都具有非常重要的意义。据测算,采用合理耕作、地膜覆盖、以肥保水、以化控水等农艺措施可节水30%。农艺措施还具有灌水均匀、土壤不板结、保土保肥、调节田间小气候、减轻病虫害发生、提高地温的特点,使农作物增产20%以上。根据项目区作物种植的实际情况,选择适宜的农艺节水措施,以减少作物生长期内的水分消耗和提高产量,最终达到节水、高产、高效的目的。

2.7.2.2 智能精量灌溉系统

北京市农业技术推广站开发了依据光照辐射的智能精量灌溉系统。该系统利用作物需水量与日照辐射成正相关这一规律,通过测定日照辐射,结合作物的叶面积等指标,自动计算作物各生长阶段的正常需水量,然后自动打开电磁阀门进行按需供水。目前,该套智能精量灌溉系统已经在顺义区木林镇王泮庄村日光温室番茄上投入实际应用,基本实现了番茄整个生长期灌溉不用人管,且避免了之前雾霾天、阴雨天由于作物需水量低导致灌溉水渗漏损失大的问题。利用该套系统进行精量灌溉的番茄较常规灌溉管理节水30%以上。

2.7.2.3 大型喷灌机灌溉技术

当前,规模化经营在京郊粮食生产中所占比重越来越大。北京市农业技术推广站在京郊粮食生产中首次引进了大型喷灌机组,并自行开发集成了与机组配套的大流量注肥装置,突破了规模粮田水肥一体化的技术瓶颈。以位于顺义区赵全营镇去碑营村的时针式喷灌施肥系统为例,单套系统控制面积达216亩,利用手机即可实现对灌溉施肥的远程自动控制,极大地节省了劳动力。以时针式喷灌施肥为核心,配合应用保护性耕作(深松保墒、秸秆还田等)、化学抗旱等技术,小麦实收亩产量达到553 kg,较常规灌溉施肥方式增产38.9%,单方水产出达到2.58 kg,每亩节约劳动力0.7个。

第3章　北方干旱区农业节水灌溉新技术

3.1　微灌技术

3.1.1　微灌系统的组成

微灌系统通常由水源工程、首部枢纽、输配水管网和灌水器4部分组成。

3.1.1.1　水源工程

河流、湖泊、塘堰、沟渠、井泉等,只要水质符合微灌要求,均可作为微灌灌溉水源,否则将使水质净化设备过于复杂,甚至引起微灌系统的堵塞。为了充分利用各种水源进行灌溉,往往需要修建引水、蓄水和提水工程,以及相应的输配电工程。这些统称为水源工程。

3.1.1.2　首部枢纽

微灌工程的首部通常由水泵及动力机、控制阀门、水质净化装置、施肥装置、测量和保护设备等组成。首部枢纽担负着整个系统的驱动、检测和调控任务,是全系统的控制调度中心。

3.1.1.3　输配水管网

输配水管网的作用是将首部枢纽处理过的水按照要求输送分配到每个灌水单元和灌水器,微灌系统的输配水管网一般分干、支、毛三级管道。干管一般埋于地下,支管可铺设于地表或埋于地下,毛管是微灌系统的最末一级管道,其上安装或连接灌水器。

3.1.1.4　灌水器

微灌的灌水器安装在毛管上或通过连接小管与毛管连接,有滴头、微喷头、涌水器和滴灌带等多种形式,或置于地表,或埋入地下。灌水器的结构不同,水流的出流形式也不同,有滴水式、漫射式、喷水式和涌泉式等。

3.1.2 微灌系统的分类

3.1.2.1 按灌水水流出流方式分类

按灌水水流出流方式不同,可分为滴灌、微喷灌、微喷带、渗灌、涌泉灌和雾灌等。

1.滴灌

滴灌如图 3-1 所示,是利用滴头、滴灌带(滴头与毛管制成一体)等灌水器,使水以水滴或细流形式湿润土壤的一种灌水方法。通常毛管和灌水器放在土壤表面,有时为方便田间作业,防止毛管损坏或丢失,也可将其埋在地下30~40 cm,形成地下滴灌。

2.微喷灌

微喷灌如图 3-2 所示,是利用直接安装在毛管上或与毛管连接的灌水器,即微喷头,将有压水以细小的水雾喷洒状喷洒在作物叶面或根区附近土壤表面的一种灌水形式。微喷灌还具有提高空气湿度、调节田间小气候的作用。

图 3-1　滴灌　　　　　　　　　图 3-2　微喷灌

3.微喷带

微喷带如图 3-3 所示,又称多孔管、喷水带、喷灌带、微喷灌管,是在可压扁的塑料软管上采用机械或激光直接加工出水小孔,进行微喷灌的节水灌溉技术。微喷带主要用在蔬菜、花卉、苗圃、草坪、果树、小麦等作物,也可用于大棚降温、场所防尘等。

4.渗灌

渗灌如图 3-4 所示,又称土表下灌溉或土表下滴灌,是指灌溉水以滴渗方式湿润作物根系层,实现对作物灌溉。渗灌是通过埋在地下作物根系活动层

图 3-3　微喷带

(20~50 cm)的滴灌带上的滴头或渗头将水灌入土中的灌水方式。灌溉水由内向外呈发汗状渗出,随即通过管壁周围土壤颗粒间孔隙的吸水作用向土体扩散,给作物根系供水,一次连续性实现对作物灌溉的全过程。渗灌水进入土壤后,仅湿润作物根系层,地面没有水分。它具有蒸发损失少、节水、省电、省肥、省工和增产效益显著等优点,且不会妨碍耕作。果树、棉花、粮食作物等均可采用。其缺点:一是堵塞不易发现,也不便于维护;二是当管道间距较大时灌水不够均匀,在土壤渗透性很大或地面坡度较陡的地方不宜使用。亩投资为 400~1 000 元。其效益为:节水 50%~60%,省电 40%~50%,省工 95%,增产 30%左右。

图 3-4　渗灌

5.涌泉灌

涌泉灌又称涌灌、小管出流灌溉,是利用直径 4 mm 的小塑料软管作为灌水器(或涌水器)将水灌入土壤的灌水技术。由于灌水流量较大(但一般不大于 2 201 m³/h),有时需在地表筑沟埂来控制灌水。此灌水方式的工作压力很低,不易堵塞,但田间工程量较大,适合地形较平坦地区果树等灌溉。

6.雾灌

雾灌如图 3-5 所示,又称弥雾灌溉,与微喷灌很相似,只是工作压力较高(可达到 200~400 kPa),喷出的水滴极细,灌水时形成水雾以调节田间空气湿度,如全日照喷雾育苗就要采用雾灌。

图 3-5　雾灌

3.1.2.2　按管道可移动程度分类

根据输配水管道是否可移动,可将微灌系统分为固定式微灌系统、半固定式微灌系统和移动式微灌系统。

1.固定式微灌系统

固定式微灌系统的各个组成部分在整个灌溉季节固定不动,干、支管埋入地下,毛管有的埋在地下,有的放在地表或悬挂在地面的支架上。固定式微灌系统因主要管道埋在地下,不仅大大减少了工程占地,便于田间管理和机械化操作,而且管道使用寿命大大延长,运行费用也低。但是由于微灌设备常年固定不动,使得设备利用率低,需要的管材量大,单位面积投资高,所以固定式微灌系统一般常用于灌水次数频繁、经济价值较高的经济作物。另外,在一些地面坡度陡、地形复杂的丘陵山区,其他灌水方式不适用时,也可安装固定式微灌系统。

2.半固定式微灌系统

半固定式微灌系统是使系统的干、支管在灌溉季节固定不动,毛管连同其上的灌水器可按设计要求移动,一条毛管可在多个位置工作。半固定式微灌系统较固定式微灌系统设备的利用率提高,较移动式微灌系统劳动强度小,也常用于大田作物,有时也用于经济作物。

3.移动式微灌系统

移动式微灌系统是系统的各个组成部分在灌水季节都可按要求进行移动,安装在灌区内不同位置进行灌溉。移动式微灌系统由于节省了大量管材和设备,提高了设备的利用率,降低了单位面积工程投资,但是操作管理比较麻烦,劳动强度大,常用于大田作物,适合在干旱缺水、经济条件较差的地区使用。

3.1.2.3　按压力源分类

按系统获得压力方式的不同可将微灌系统分为自压式微灌系统、泵(机)压式微灌系统和间歇式微灌系统(脉冲式微灌系统)。

1.自压式微灌系统

一般是水源的水面高程高于灌区的地面高程,用压力管道引水到灌区具有一定的压力,由高程差产生的管道压力已能满足灌区内输水水头损失与灌水器工作压力的要求,可不另外加压而形成自压灌溉管道系统。

2.泵(机)压式微灌系统

当水源的水面高程低于灌区的地面高程,或虽然略高一些但不足以形成灌区所需要的压力时,需要利用水泵加压,以形成足够的压力。

3.间歇式微灌系统(脉冲式微灌系统)

灌水器流量比普通的大 4~10 倍,每隔一定时间出流一次,孔口大,可减少堵塞,避免地表径流和深层渗漏。其灌水器工艺要求较高。

不同微灌系统形式各有其特点,应针对具体情况,根据灌区特点和作物种类进行选型。

3.1.3　微灌专用设备

微灌设备一般由首部加压机泵、过滤器、施肥装置,控制、量测、保护装置,管道、管件以及灌水器等组成。微灌用管道和管件与喷灌用管道和管件基本相同,防堵塞的要求较高,工作压力较低,所以多采用黑色塑料材质的管道和管件。干管多用(硬)聚氯乙烯(PVC、PVC-U)管,地表支管及末级毛管多用聚乙烯(PE)管。

3.1.3.1　微灌灌水器

灌水器又称配水器,其作用是消杀或分散有压管道输送来的集中水流中的能量,均匀而稳定地向作物根区土壤配水,以满足作物生长的需要。灌水器的质量好坏直接影响微灌系统工作可靠性及灌水质量。其要求具体如下。

(1)出水量小。

灌水器出水量的大小取决于工作水头高低、过水流道断面大小和出流受阻的情况。微灌用的灌水器的工作水头一般为 5~15 m,过水流道直径或孔径一般在 0.3~2.0 mm,出水流量在 2~200 L/h。

(2)出水均匀、稳定。

一般情况下灌水器的出流量随工作水头大小而变化。因此,要求灌水器本身具有一定的调节能力,使得在水头变化时流量的变化较小。

(3)抗堵塞性能好。

灌溉水中总会含有一定的污染物和杂质,由于灌水器流道和孔口较小,在设计和制造灌水器时要尽量采取措施,提高它的抗堵塞性能。

(4)制造精度高。

灌水器的流量大小除受工作水头影响外,还受设备制造精度的影响。如果制造偏差过大,每个灌水器的过水断面大小差别就会很大,无论采取哪种补救措施,都很难提高灌水器的出水均匀度。因此,为了保证微灌灌水质量,灌水器的制造偏差系数一般应控制在 0.03~0.07。

(5)结构简单,便于制造安装。

(6)坚固耐用,价格低廉。

灌水器在整个微灌系统中用量较大,其费用往往占整个系统总投资的 25%~30%。另外,在移动式微灌系统中,灌水器要连同毛管一起移动,为了延长使用寿命,要求在降低价格的同时还要保证产品的经久耐用。实际上,绝大多数灌水器不能同时满足上述所有要求。因此,在选用灌水器时,应根据具体使用条件,只满足某些主要要求即可。例如,使用水质不好的地表水源时,要求灌水器的抗堵塞性能较高,而在使用相对干净的井水时,对灌水器的抗堵塞性能的要求就可以低一些。

3.1.3.2 微灌用灌水器的分类

微灌用灌水器种类很多,按结构和出流形式可分为滴头、滴灌带(滴灌管)、微喷头、涌水器、渗水管(带)和滴箭等6类。

1.滴头

滴头是将压力水流变成滴状或细流状、流量不大于 12 L/h 的灌水器。生产中常见的滴头为管上压力补偿式滴头。管上压力补偿式滴头是安装在毛管上并具有压力补偿功能的灌水器。其具有安装灵活,能自动调节出水量和自清洗,出水均匀,但制造复杂,价格较高等特点。

2.滴灌带(滴灌管)

滴头与毛管制造成一整体,兼具配水和滴水功能,按结构可分为内镶式滴灌带(滴灌管)及薄壁滴灌带。在毛管制造过程中,将预先制造好的滴头镶嵌在毛管内的滴灌管称为内镶式滴灌管,内镶滴头有片式和管式。滴灌管有压力补偿式和非压力补偿式两种。薄壁滴灌带有边缝式滴灌带、中缝式滴灌带、内镶贴片式滴灌带等。滴灌带和滴灌管的主要区别是管壁厚度不同,壁厚成管状的为滴灌管,壁薄成带状的为滴灌带,生产中常用滴灌带为单翼迷宫式滴灌带。

3.微喷头

微喷头即微型喷头,作用与喷灌的喷头基本相同。只是微喷头一般工作压力较低,湿润范围较小,对单喷头射程范围内的水量分布要求不如喷灌高。其外形尺寸为 0.5~10 cm,喷嘴直径小于 2.5 mm,单喷头流量不大于 300 L/h,工作压力小于 300 kPa,射程一般小于 7 m。多数用塑料压注而成,有的也有部分金属部件。其种类繁多,据统计达数千种。按喷射水流湿润范围的形状有全圆和扇形之分,按结构有固定式和移动式之分。固定式微喷头与固定式喷头相近,有射流旋转式、折射式、离心式和缝隙式等,其构造都比较简单。射流旋转式微喷头则是由不同形状的旋臂来驱动的。

(1)射流旋转式微喷头。一般由旋转折射臂、支架、喷嘴构成。射流旋转式微喷头优点是有效湿润半径较大,喷水强度较低,水滴细小。其缺点是旋转部件易磨损,使用寿命较短。

(2)折射式(雾化)微喷头。其主要部件有喷嘴、折射锥和支架。折射式微喷头的优点是结构简单,没有运动部件,工作可靠,价格便宜;缺点是由于水滴太微细,在空气干燥、温度高、风力大的地区,蒸发飘移损失大。

(3)离心式微喷头。其特点是工作压力低,雾化程度高,一般形成全圆的湿润面积,由于在离心室内能消散大量能量,所以在同样流量的条件下,孔口较大,从而大大减小了堵塞的可能性。

(4)缝隙式微喷头。一般由两部分组成,下部为底座,上部是带有缝隙的盖。

4.涌水器

涌泉灌水器简称涌水器,采用内径为 3 mm、4 mm、6 mm 的 PE 管及管件组成,呈射流状出流,为使水流集中于作物主要根区部位,需要相应的田间配套工程,其形式有绕树环沟、存水树盘、顺流格沟和秸秆覆盖等。

5.渗水管(带)

作为地表下渗灌的灌水器,其作用是使水直接渗入作物根区土壤,有多孔瓦管(罐)、海绵渗头等。目前,世界上渗水管大致分为以下几种类型:

(1)意大利生产的直径为 10～20 mm 的塑料边缝式薄膜管,沿管道开有毛细通道,每根管长为 100 m。使用时,管道两端与供水管相连,埋设于地下,管内流速很低,流态为层流,供水时因管壁受内水压力使毛细通道张开向外渗水,停水时张力消失,毛细通道闭合。毛细通道一般宽为 0.1～0.25 mm、高为 0.7～2.5 mm、长为 150～600 mm。

(2)法国生产的由塑料加发泡剂和成型剂混合挤压而成的塑料渗水管,管壁上有无数多发泡状微孔。供水时,水沿发泡孔状管壁渗出进入土壤,渗水量大小及渗水均匀度主要取决于发泡孔孔径、材料均匀性、管内水流运行压力等因素。

(3)以废旧橡胶、塑料树脂和添加剂,经过科学方法和特殊工艺制成的橡胶渗水管,管壁上布满细小弯曲的毛状透水孔,使用时,管内压力水沿毛细孔渗出,在管壁周围形成水滴湿润土壤。

(4)以 PE、PVC 或 PVC-U 制成低压给水管道,在管道上用成孔机钻孔,孔中安装渗水头。给水管道可以铺设放在地面上,也可以埋入土层,渗水头有海绵渗水头或针钎式渗水头。

6.滴箭

滴箭是滴灌中常用的一种灌水器,具有灌溉精准、出水均匀等优点,是盆栽植物、苗木及立体绿化等作物灌溉最合适的灌水器。有弯箭和直箭,可单箭、双箭、四箭、八箭等随意组合,施工方便。箭头部分长约 10 cm,用于插入土壤或栽培基质中固定导流;柄部长约 5 cm,设有精细迷宫流道,插入内径 3 mm 左右的软管中。工作压力一般在 0.08～0.15 MPa。

3.2 低压管道输水灌溉技术

3.2.1 低压管道输水灌溉技术工程

低压管道输水灌溉工程是以管道代替明渠输水灌溉的一种工程形式,通过一定的压力将灌溉水由分水设施输送到田间,再由管道分水口分水或外接软管输水进入田间沟、畦。由于管道系统工作压力一般不超过 0.2 MPa,其最末一级管道出水口工作压力通常控制在 2~3 kPa(20~30 cm 水头),因此称为低压管道输水灌溉工程。低压管道如图 3-6 所示。

图 3-6 低压管道

3.2.1.1 低压管道输水灌溉技术工程的特点

低压管道输水工程与其他灌溉方式比较,具有下列优点。

1.节水、节能

低压管道输水减少了输水过程中渗漏损失和蒸发损失,与明渠输水相比可节水 30%~50%。对于机井灌区,节水就意味着降低能耗。

2.省地、省工

用土渠输水,田间灌溉用地一般占灌溉面积的 1%~2%,有的为 3%~5%。而采用管道输水后,管道埋入地下代替渠道,减少了渠道占地,可增加 1%~2%的耕地面积,提高了土地利用率。对于我国土地资源日益紧缺、人均耕地面积不足 1.5 亩的现状来说,具有明显的社会效益和经济效益。同时,管道输水速度快,避免了跑水、漏水现象,缩短了灌水周期,节省了巡渠和清淤维修用工。

3.成本低、效益高

低压管道灌溉投资较低,一般每亩为 100~300 元,远小于喷灌和微灌的投资。同等水源条件下,由于能适时适量灌溉,满足作物生长期的需水要求,因此起到增产增收作用。一般年份可增产 15%,干旱年份可增产 20%。

4.适应性强、管理方便

低压管道输水属有压供水,可以越沟、爬坡和跨路,不受地形限制,配上田间地面移动软管,可解决零散地块浇水问题,可使原来渠道难以达到灌溉的耕地实现灌溉,扩大灌溉面积,而且施工安装方便,便于掌握和推广。

3.2.1.2 低压管道输水灌溉系统的组成

低压管道输水灌溉系统由水源与取水工程、输水配套管网系统、田间灌水系统、附属建筑物和装置等部分组成。

1.水源与取水工程

管道输水灌溉系统的水源有水井、泉、沟、渠道、塘坝、河湖和水库等。

井灌区的取水工程应根据用水量和扬程大小,选择适宜的水泵和配套动力机、压力表及水表,并建有管理房。自压灌区和大中型提水灌区的取水工程还应设置进水闸、分水闸、拦污栅、沉淀池、水质净化处理设施及量水建筑物等配套工程。

2.输水配套管网系统

输水配套管网系统指的是管道输水灌溉系统的各级管道、分水设施、保护装置和其他附属设施。在面积较大的灌区,管网可由干管、分干、支管和分支管等多级管道组成。

3.田间灌水系统

田间灌水系统指出水口以下的田间部分。作为整个低压管道输水系统,田间灌水系统是节水灌溉的重要组成部分。灌溉田块应进行平整,使田块坡度符合地面灌水要求,畦田长短应适宜。

渠灌区低压管道输水灌溉系统的田间灌水系统可以采用多种形式,常用的主要有以下 3 种形式:

(1)采用田间灌水管网输水和配水,应用地面移动管道来代替田间毛渠和输水垄沟,并运用退管灌法在农田内进行灌水。这种方式输水损失最小,可避免田间灌水时水的浪费,而且管理运用方便,也不占地,不影响耕作和田间管理。井灌区多采用这种形式。

（2）采用明渠田间输水垄沟输水和配水，并在田间应用常规畦、沟灌等地面灌水方法进行灌水。这种方式仍会产生部分田间输配水损失，不可避免地还要产生田间灌水的无益损耗和浪费，劳动强度大，田间灌水工作也困难，而且输水沟还要占用农田耕地，因此最为不利。

（3）仅田间输水垄沟采用地面移动管道输、配水，而农田内部灌水时仍采用常规畦、沟灌等地面灌水方法。其特点介于前两种形式之间，但因无须购置大量的田间灌地用软管，因此投资可大为减少。田间移动管可用闸孔管道、虹吸管或一般引水管等，向畦、沟放水或配水。

4.附属建筑物和装置

由于低压管道输水灌溉系统一般都有 2~3 级地埋固定管道，因此必须设置各种类型的建筑物或装置。依建筑物或装置在系统中所发挥的作用不同，可把它们划分为以下 9 种类型：

（1）取水建筑物。包括进水闸或闸阀、拦污栅、沉淀池或其他净化处理设施等。

（2）分水配水建筑物。包括干管向支管、支管向下级管道分水配水用的闸门或闸阀。

（3）控制建筑物。如各级管道上为控制水位或流量所设置的闸门或阀门。

（4）量测建筑物。包括量测管道流量和水量的装置或水表，量测水压的压力表等。

（5）保护装置。为防止管道发生水击、水压过高或产生负压等致使管道变形、弯曲、破裂、吸扁等现象，以及为管道开始进水时向外排气，泄水时向内补气等，通常均需在管道首部或管道适当位置处设置通气孔和排气阀、减压装置或安全阀等。

（6）泄退水建筑物。为防止管道在冬季冻裂，在冬季结冻前将管道内余水退净泄空所设置的闸门或阀门。

（7）交叉建筑物。管道若与路、渠、沟等建筑物相交叉，则需设置虹吸管、倒虹吸管或有压涵管等。

（8）田间出水口和给水栓。由地埋输配水暗管向田间畦、沟配水时需要装置竖管和给水栓，灌溉水流出地面处应设置出水口。

(9)管道附件及连通建筑物。主要有三通、四通、变径接头、同径接头等,以及为连通管道所需设置的井式建筑物。

3.2.1.3 低压管道输水灌溉工程的分类

低压管道输水系统按其压力获取方式、管网形式、管网可移动程度不同可分为以下几种类型。

1.按压力获取方式分类

按压力获取方式不同可分为机压(水泵提水)输水系统和自压输水系统。

1)机压(水泵提水)输水系统

机压(水泵提水)输水系统又分水泵直送式和蓄水池式,当水源水位不能满足自压输水要求时采用。一种形式是水泵直接将水送到管道系统,然后通过分水口进入田间,称为水泵直送式;另一种形式是水泵通过管道将水送到某一高位蓄水池,然后由蓄水池自压向田间供水。目前,平原井灌区大部分采用水泵直送式。

2)自压输水系统

当水源水位较高时,可利用地形自然落差所提供的水头作为管道输水所需的工作压力。一般地形坡度只要有 4/1 000~6/1 000 的地面坡度,即可满足自压式低压管道输水灌溉系统正常运行所需要的工作压力。在丘陵地区的自流灌区多采用这种形式。

2.按管网形式分类

按管网形式不同可分为环状管网、树状管网和混合状管网三种类型。

1)环状管网

干、支管均呈环状布置。其特点主要是供水安全可靠,管网内水压力较均匀,各条管道间水量调配灵活,有利于随机供水,但管线总长度较长,投资一般均高于树状管网布置。目前,环状管网在低压管道输水灌溉系统中应用很少,仅在个别单井灌区试点示范使用。

2)树状管网

管状呈树枝状,水流通过"树干"流向"树枝",即从干流流向支管和分支管,只有分流无汇流,其特点是管线总长度较短,构造简单,投资较低,但是管网内的压力不均匀,各条管道间的水量不能互相调剂。

3）混合状管网

当地形复杂时,常将环状与树状管网混合使用,形成混合状管网。

对于井灌区,这两种布置形式主要适用于井出水量 $60 \sim 100 \ m^3/h$、控制面积 $10 \sim 20 \ hm^2$、田块的长宽比约为 1 的情况。常采用 1 级地埋暗管输水和 1 级地面移动软管输水、灌水。地埋暗管多采用硬塑料管、内光外波纹塑料管和当地材料管,管径为 $100 \sim 200 \ mm$,管长不超过 1.0 km。地面移动软管主要使用薄膜塑料软管和涂塑布管,管径 $50 \sim 100 \ mm$,长度不超过灌水畦、沟长度。

3.按管网可移动程度分类

低压管道灌溉系统按照管网可移动程度分为移动式、半固定式、固定式。

1）移动式

除水源外,移动式管道灌溉系统管道及分水设备都可以移动,机泵有的固定,有的也可以移动,管道多采用软管,简便易行,一次性投资低,多在井灌区临时抗旱时应用。但是劳动强度大,管道易破损。

2）半固定式

半固定式管道灌溉系统,一部分固定,另一部分可以移动。一般是水源固定,干管或支管为固定地埋管,由分水口连接移动软管输水进入田间,这种形式工程投资介于移动式和固定式之间,比移动式劳动强度低,但比固定式管理难度大,经济条件一般的地区,宜采用半固定式系统。

3）固定式

固定式管道灌溉系统的水源和各级管道及分水设施均埋入地下,固定不动。给水栓和分水口直接分水进入田间沟、畦,没有软管连接。田间毛渠较短,固定管道密度大、标准高。这类系统一次性投资大,但运行管理方便,灌水均匀。有条件的地方应逐渐推广这种形式。

3.2.2 低压管道输水系统的主要设备

3.2.2.1 低压管道系统用管材

管材与管道的附件用量大,占总投资的 2/3 以上,其对工程质量和造价以及效益的发挥影响很大,规划设计时要慎重选用。

管材按管道材质可分为塑料管材(见图 3-7)、金属管材(见图 3-8)、水泥类管材(见图 3-9)和其他材料管四类。

图 3-7　塑料管材

图 3-8　金属管材

图 3-9　水泥类管材

1.管材应达到的技术要求

（1）能承受设计要求的工作压力。管材允许工作压力应为管道最大工作压力的 1.4 倍,且大于管道可能产生水锤时的最大压力。

（2）管厚薄厚均匀,壁厚误差应不大于 5%。

（3）地埋管材在农机具和外荷载的作用下,管材的径向变形率不得大于 5%。

（4）便于运输和施工,能承受一定的沉降应力。

（5）管材内壁光滑,糙率小,耐老化,使用寿命满足设计年限要求。

（6）管材与管材、管材与管件连接方便,连接处同样满足相应的工作压力,满足抗弯折、抗渗漏、强度、刚度及安全等方面的要求。

（7）移动管道要轻便,易拆卸、耐碰撞、耐摩擦,具有较好的抗穿透及抗老化能力等。

（8）当输送的水流有特殊要求时,还应考虑对管材的特殊要求。

2.管材选择的方法

在满足设计要求的前提下,综合考虑管材价格、施工费用、工程的使用年限、工程维修费用等经济因素进行管材选择。

通常在经济条件较好的地区,固定管道可选择价格相对较高,但施工、安装方便及运行可靠、管理简单的硬PVC管,移动管可选择塑料软管。在经济条件较差的地区,可选择价格低廉的管材,固定管道可选择素混凝土管、水泥砂管,移动软管可选择塑料软管。在将来可能发展喷灌的地区,应选择承压能力较高的管材,以便今后发展喷灌时使用。

3.2.2.2 管件与附属设备

管件将管道连接成完整的管路系统。管件包括弯头、接头、堵头、三通、四通、变径管、闸阀及给水立管等。附属设备是指能使管道系统安全正常运行并进行科学管理的装置,包括给水装置、安全保护装置、取水控制装置、退水装置、给水栓保护罩、测量计费装置等。

1.管件

连接附件即管件,主要有同径和异径三通、四通、弯头和堵头、异径渐变管和快速接头等。快速接头主要用于地面移动管道,以迅速连接管道,节省操作时间和减轻劳动强度。常用管件有塑料管件、混凝土管件和钢管管件。

2.控制附件

控制附件是用来控制管道系统中的流量和水压的各种装置或构件,在管道系统中,最常用的控制附件有给水装置、阀门、进(排)气阀、逆止阀、安全阀、调压装置、带阀门的配水井和放水井等。

3.配水控制装置

低压管道输水系统的配水控制装置可采用闸门、闸阀等定型工业产品,也可根据实际情况采用分水、配水建筑物。配水控制装置应满足设计的压力和流量要求,且密封性好,安全可靠,操作维修方便,水流阻力小。

4.测量计费装置

低压管道输水灌溉系统中的常用测量计费装置主要有压力测量装置、流量测量装置。压力测量装置用来量测管道系统的水流压力,了解、检查管道工作压力状况;流量测量装置主要用来测量管道水流量。

(1)压力测量装置。在低压管道输水灌溉系统中,常用压力测量装置主要是弹簧管压力表。

(2)流量测量装置。在低压管道输水灌溉系统中,常用流量测量装置主要是水表。选用水表应遵循以下原则:

①应根据管道的流量,参考厂家提供的水表流量–水头损失曲线进行选择,尽可能使水表经常使用流量接近额定流量。

②用于管道灌溉系统的水表一般安装在野外田间,因此选用湿式水表较好。

③水平安装时,可选用旋翼式或水平螺翼式水表;非水平安装时,宜选用水平螺翼式水表,并根据厂家要求进行安装。

④量水计量精度应不低于5%。

5.交叉建筑物

交叉建筑物应具有稳定性和密封性;管道与建筑物交叉时,应在充分考虑地形、地质条件以及安全、可靠和经济情况的基础上确定交叉的位置、形式和施工方法。

6.镇墩

管道遇到下列情况之一时应设置镇墩:

(1)管内压力水头大于等于6 m,且管轴线转角大于等于15°;

(2)管内压力水头大于等于3 m,且管轴线转角大于等于30°;

(3)管轴线转角大于等于45°;

(4)管道末端。

镇墩应设置在坚实的地基上,用混凝土构筑,管道与沟壁之间的空隙应用混凝土填充到管道外径的高度,镇墩的最小厚度应大于15 cm,并应有规定的支撑面积。

3.3　膜下滴灌技术

3.3.1　膜下滴灌技术含义

膜下滴灌如图3-10所示,是在滴灌技术和覆膜种植技术基础上,使其有机结合,形成的一种特别适用于机械化大田作物栽培的新型田间灌水技术。它的基本原理是将滴灌系统的末级管道和灌水器的复合体——滴灌带,通过专用播种机,一次性完成布管、铺膜与播种等复合作业,然后按与常规滴灌系统同样的方法将滴灌带与滴灌系统的支管相连接。灌溉时,有压水(必要时连同可溶性肥料或农药)通过滴灌带上的灌水器变成细小水滴,根据作物需要,适时、适量地向作物根系范围内供应水分和养分,是目前世界上最为先进的灌水方法之一。

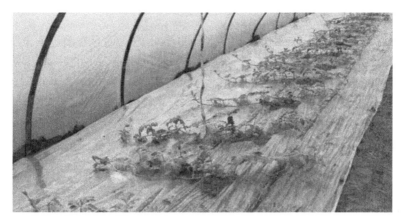

图 3-10　膜下滴灌

3.3.1.1　覆膜和滴灌两者缺一不可

膜下滴灌是覆膜栽培技术和滴灌技术的有机结合,两者相互补偿、扬长避短,缺一不可,它有效地解决了常规覆膜栽培时生育期无法追施肥料而产生的早衰问题;减轻了常规地面灌溉地膜与地表粘连、揭膜困难造成的土壤污染问题;滴灌带上覆膜,减少湿润土体表面的蒸发,降低灌溉水的无效消耗,使滴灌灌水定额进一步降低。

3.3.1.2　采用性能符合要求、质优价低的一次性滴灌带

膜下滴灌技术的关键,是性能符合要求、质量有保障、价格适宜的滴灌带。膜下滴灌技术之所以得到快速推广,是因为滴灌带在国产化方面实现了突破。对于规模化大田农业而言,一次性的优势在于:价格低,堵塞概率小,避免了多年使用滴灌带的老化、难度极大的保管和重新铺设问题。

3.3.1.3　多项措施一次完成,特别适用于机械化大田作物栽培

膜下滴灌技术的最大特点:铺管、覆膜与播种一次复合作业完成,特别适用于机械化大田作物栽培。膜下滴灌技术是促进农业向规模化、机械化、自动化、精准化方向发展的关键技术措施;是具有中国特色、实现我国干旱区大田作物农业现代化的必由之路。

3.3.2　膜下滴灌技术的优点

膜下滴灌的突出优点:可控性、基础性和战略性。

3.3.2.1　可控性关键技术

可控性主要表现在 3 个方面,即淋盐优质高产、节水抑盐和自动化灌水。

1.淋盐优质高产

滴灌带铺设在膜下,不仅减少了水分的棵间蒸发,而且水滴进入土壤后使盐分溶解,并向四周下方扩散,一直把盐分淋洗到湿润锋的边缘。而湿润锋中心部分则形成了一个淡化区。据实测,滴头流量为 2.5 L/h,灌水定额 195 m^3/hm^2 时,湿润锋半径约42 cm,淡化区半径约35 cm,淡化区的根系总量占总根量的90%。

膜下滴灌不但能使可溶性养分随水滴施入土壤,而且还可以定时定量地满足植株的水肥需求,使水、肥、盐、光、热、气优化耦合,使作物的光能利用率趋于最大。按照最大光能利用率→净光能利用率→净初级产量→最大经济产量的转化规律,达到淋盐丰产(提高质量、增加产量)的目的。

膜下滴灌把水肥直接灌到作物主根区,作物主根区上有地膜覆盖,下有湿润锋,杜绝了水分渗漏,抑制了强烈蒸发,水肥基本上在这个相对封闭的空间运移。生产实践上,在作物生长过程中,灌水量从田间持水量到凋萎点都是有效的,可以任意控制,可溶性肥料和植保药剂生长要素等都可随水滴入。这种可控性使水、肥、盐、光、热、气优化耦合,能逐步提高作物的光能利用率,不断提高丰产水平,最大光能利用率是其丰产的上限。

2.节水抑盐

棵间蒸发不仅是干旱区绿洲农田的无效蒸发,更是有害蒸发。因为它是土壤次生盐渍化的动力,即水分蒸发后,盐分留在耕层。形成盐化的另一个条件是灌溉水的不断下渗,浅层地下水位升高到接近临界深度,含盐的潜水不断向耕层运移,成为盐化的来源。

膜下滴灌抑制了强烈的棵间蒸发,不但节水,而且抑制了盐化的动力,同时杜绝了田间渗漏;若干年后,浅层地下水位可下降到3~5 m,基本上可以根治绿洲农田盐化这一世界性的难题。可以说,膜下滴灌一举三得:节水、抑盐、杜绝田间渗漏。

3.自动化灌水

以膜下滴灌为基础,嫁接集成有关节水农业技术,构成田间滴灌系统工程,一个滴灌系统的灌溉规模约为100 hm^2,可进行集约化、规模化、社会化经营。滴灌还可自动化灌水,为农业智能化管理提供基础,并集成有关高新技术,可实现绿洲农业现代化、社会化。

膜下滴灌兼有经济、生态、社会等综合效益。经济效益是现实效益,生态效益是长期经济效益,社会效益是远期经济效益。膜下滴灌应用的时间越长,越能体现其综合效益,可实现农业发展的可持续性。

3.3.2.2 基础性关键技术

以膜下滴灌为基础并结合诸多适用技术和高新技术,构成田间滴灌系统工程、绿洲节水灌溉系统工程、绿洲生态系统工程、绿洲农业现代化系统工程。

1.田间滴灌系统工程

田间滴灌系统工程的构成包括以下三项主要内容:

(1)田间灌溉以膜下滴灌为主,结合秸秆等覆盖技术、其他微灌(微喷、微喷带、涌泉灌、渗灌、地下微灌等)和管灌技术,能适应各种作物和乔木、灌木、人工草地的灌水需求。这样,田间滴灌系统以滴灌为主集成了各种灌溉技术,并不是唯一的膜下滴灌。田间灌溉水的利用率可提高到95%。

(2)结合塑料管道技术实现田间输水配水管道化,管道输水利用率可提高到95%。

(3)在传统灌溉的斗口设供水站并打井,地表水与地下水互补利用,可以克服使用单独水资源的问题。这样构成的田间滴灌系统工程,能使不种水稻的旱作物灌溉水利用系数提高到0.9。田间滴灌系统工程建成后,可初步解决田间盐化问题,比传统灌溉斗口灌水量节水1/2以上。

2.绿洲节水灌溉系统工程

以田间滴灌系统为基础,建设山区水库,与平原水库联合调节河道径流,引水口到斗口的渠道防渗技术必须慎重选择,以使绿洲非灌溉面积上的地下水位保持在3~5 m为宜,这样可维持自然植被(如红柳、胡杨等)生长。绿洲节水灌溉系统工程建成后,绿洲农田盐化可以根治,还能进一步节水。从引水口到斗口的渠系水利用系数如果提高到0.85,则绿洲节水灌溉系统工程的灌溉水利用系数可达0.85×0.9=0.765。

3.绿洲生态系统工程

在绿洲节水灌溉系统工程根治盐化基础上治理"三化一污"问题,不能用节约的水扩大农田面积,必须种草种树进行绿洲生态建设。推行草田轮作,可根治土壤肥力退化问题,并可发展农区草业和农区畜牧业。通过种树建设绿洲三级防风林网:在绿洲边缘建设乔灌草立体防风林带,并建设路渠林和田间林网格,把风沙危害降低到最小限度。土壤肥力提高以后,在农田净产出逐步提高的基础上,不断降低化肥和农药的用量,进而达到国际绿色安全标准,同时,可治理地膜残留问题。

4.绿洲农业现代化系统工程

农业现代化的实现必须建立在绿洲生态系统工程的基础上。农业现代化是一个复杂的系统工程。旱区绿洲农业现代化有许多内容,如产权明晰化,灌溉微灌化,农业生态化,产品绿色化,生产机械化、自动化、管理信息化、智能化,农产品加工高(档次)深(层次)化,科农工贸一体化,三分配(劳动者、企业家、国家)有利。

3.3.2.3 战略性关键技术

旱区绿洲农业现代化战略可分四步走:第一步,以膜下滴灌技术为主,集成有关灌溉工程技术,构成满足各种作物、乔木、灌木灌水要求的田间滴灌系统工程。第二步,以田间膜下滴灌系统工程为基础,结合渠道防渗技术与山间平原水库工程构成绿洲节水灌溉系统工程。第三步,以绿洲节水灌溉系统工程为基础建设绿洲林田草牧复合农业生态系统工程,并调整农业产业结构。第四步,在绿洲生态系统工程基础上建设绿洲农业现代化系统工程,并调整绿洲经济结构。

按照上述思路,以河流流域形成的绿洲为单元进行绿洲节水生态农业总体规划,主要包括田间滴灌系统工程、绿洲节水灌溉系统工程、绿洲林田草牧复合农业生态系统工程。

膜下滴灌不仅是节水农业4个节水(管理、工程、农艺、生理)技术开发的可控性平台,还是节水农业4个系统工程(田间滴灌、绿洲节灌、绿洲生态、绿洲农业现代化)相结合的基础性平台,也是把绿洲农业推向现代化的一项战略性技术。膜下滴灌不但是一项节水灌溉技术,还是旱区绿洲节水农业的一项具有可控性、基础性、战略性的关键技术,不仅能彻底解决绿洲"三农"难题,还可实现绿洲农业现代化。不但在旱区可全面推广,其优质高产的可控性、治理盐渍化、大幅节水还可以在全国其他地区推广。

3.3.3 膜下滴灌系统的规划设计

膜下滴灌系统规划设计涉及农田水利规划、水土平衡及滴灌水流程中各项构筑物布置、各级管道相互关联、制约作用及技术经济比较等,是一项多专业的系统工程,步骤繁杂,工作量大。

3.3.3.1 膜下滴灌系统的组成及设备

膜下滴灌系统一般由水源工程、首部枢纽、输配水管网、滴头及控制、量测和保护装置等组成。滴灌设备一般包括滴头、毛管、支管、干管、过滤器、施肥罐、水泵、管道附件等。

3.3.3.2 滴灌系统规划原则与内容

规划是膜下滴灌系统设计的前提,它制约着膜下滴灌系统投资、效益和运行管理等多方面指标,关系整个滴灌系统的质量优劣及其合理性,是决定滴灌系统成败的重要工作之一。因此,一个滴灌系统在实施之前应进行细致的研究和精心的规划。滴灌系统规划的主要内容:在工程规模和灌区范围确定的情况下,根据水源位置(一处或多处)、地形地貌、作物情况,通过方案比选,合理布置引水、提水、蓄水工程,确定首部枢纽(一个或多个)位置和管网布置。

1.规划的基本原则

(1)滴灌系统的规划应与农田基本建设规划相结合。因此,必须与当地农业区划、农业发展计划、水利规划及农田基本建设规划相适应,特别是应与低压管道输水灌溉等灌水技术相结合统筹安排。综合考虑与规划区域内沟、渠、林、路、输电线路、水源等布置的关系,考虑多目标综合利用,充分发挥已有水利工程的作用。

(2)近期需要与远景发展规划相结合。根据当前经济状况和今后农业发展需要,把近期安排与长远发展规划结合起来,讲求实效,量力而行。根据人、财、物,做出分期开发计划。

(3)滴灌系统规划应综合考虑它的经济效益、社会效益和生态效益。滴灌系统的最终用户是农民,目前我国农村经济相对落后,能否为农民带来实效应是滴灌系统建设的基本出发点。同时,为了水资源的可持续利用和农业的可持续发展,滴灌系统的社会效益和生态效益也是至关重要的。因此,充分发挥滴灌技术节水、节支、增效、节约劳力的作用,提高劳动生产率,减轻农民的劳动强度,增加农产品产量,改善产品品质等优势,把滴灌的经济效益、社会效益和生态效益很好地结合起来,使滴灌系统的综合效益最大,是滴灌系统规划的目标。

2.规划的内容

(1)勘测收集基本资料。

(2)论证工程的必要性和可行性。

(3)确定工程的控制范围和规模。

(4)选择适当的取水方式。根据水源条件,选择引水到高位水池、提水到高位水池、机井直接加压、地面蓄水池配机泵加压等滴灌取水方式。

(5)滴灌系统选型。要根据当地自然条件和经济条件,因地制宜地从技术可行性和经济合理性方面选择系统形式、灌水器类型。

(6)工程布置。在综合分析水源加压形式、地块形状、土壤质地、作物种植密度、种植方向、地面坡度等因素的基础上,确定滴灌系统的总体布置方案。

(7)做出工程概算。

3.资料的收集

(1)地理位置与地形资料。该部分资料应包括系统所在地区经纬度、海拔、自然地理特征、总体灌区图、地形图,图(比例尺一般用1/1 000～1/5 000)上应标明灌区内水源、电源、动力、道路等主要工程的地理位置。

(2)土地与工程地质资料。包括土壤类别及容重、土层厚度、土壤pH、田间持水量、饱和含水量、调萎系数、渗透系数、土壤结构、含盐量(总盐与成分)及肥力(有机质、氮、磷、钾含量,肥分)等情况、地下水埋深和矿化度。

(3)水文与气象资料。包括年降水量及分配情况,多年平均蒸发量、月蒸发量、平均气温、最高气温、最低气温、湿度、风速、风向、无霜期、日照时数、平均积温、冻土层深度等。

(4)农作物资料。收集灌区种植作物的种类、种植比例、株行距、种植方向、日最大耗水量、生长期、种植面积、原有的高产农业技术措施、产量及灌溉制度等。

(5)水源与动力情况。河流、水库、机井等均可作为滴灌水源,但滴灌对水质要求很高,在选择滴灌水源时,首先应分析水源种类(井、河、库、渠)、可供水量及年内分配、水资源的可开发程度,并对水质进行分析,以了解水源的泥沙、污染物、水生生物、含盐量、悬浮物情况和pH大小,以便针对水源的水质情况,采取相应的过滤措施,防止滴灌系统堵塞。其次必须调查水源平、枯、丰不同水文年的水量及机井的动静水位,现有动力、电力及水利机械设备等情况,以确定滴灌规模。

(6)社会经济状况及农业发展规划方面的基本资料。

3.3.3.3 滴灌系统规划布置

1.首部枢纽

(1)滴灌系统的首部枢纽通常与水源工程布置在一起,若水源工程距离灌区较远,也可以单独布置在灌区附近或灌区中间,以便于操作和管理。

(2)当有几个可以利用的水源时,应根据水源的水量、水位、水质及灌溉工程的用水要求进行综合考虑。通常在满足滴灌用水水量和水质要求的情况下,选择距离灌区最近的水源,以便减少输水工程投资。在平原地区利用井水作为灌溉水源时,应当尽可能地将井打在灌区中心,并在其上修建井房,内部安装机泵、施肥、过滤、压力和流量控制及电气设备。

(3)首部枢纽及其相连的蓄水和供水构筑物的位置,应当根据地形、地质、田间具体情况确定,必须有稳固的地质条件,并尽可能使输水距离最短。在需建沉淀池的灌区,可以与蓄水池结合修建。

（4）规模较大的首部枢纽,除应按照有关标准合理布设泵房、闸门及其附属构筑物外,还应布设管理人员专用的工作和生活用房及其他设施,并与周围环境相协调。

2.滴灌管网

（1）滴灌管网应根据水源位置、地形、地块等情况分级,一般应由干管、支管和毛管三级组成。灌溉面积大的可增设总干管、分干管或分支管,面积小的也可以只设置支管和毛管两级。

（2）管网布置应使管道总长度短,少穿越其他障碍物。输、配水管道沿地势较高位置布置。支管垂直于作物种植行布置,毛管顺着作物种植行布置。管道的纵剖面应力求平顺。移动式管道应根据作物种植方向、机耕要求等铺设,避免穿越道路。

（3）地形平坦时,根据水源位置应尽可能采取双向分水布置形式;垂直于等高线布置的干管,也尽可能对下一级管道双向分水。

（4）干管布置应尽量顺直,总长度最短,在平面和立面上尽量减少转折。

（5）在需要与可能的情况下,输水总干管可以兼顾其他用水要求。

（6）支管长度不宜过长,应根据支管铺设方向的地块长度合理调整决定,一般以不超过 100 m 为宜。

（7）支管的间距取决于毛管的铺设长度,应尽可能增加毛管长度,以加大支管间距。毛管单向长度一般不宜超过 100 m。

（8）地面支管宜选用薄壁 PE 管材。

（9）采用 PVC 或 PVC-U 的支管应当埋入地下,并满足有关防止冻胀和排水的要求。

（10）在均匀坡双向毛管布置情况下,支管应布设在能使上、下坡毛管上的最小压力水头相等的位置上。

（11）支管以上各级管道的首段宜设置控制阀,在地埋管道的闸阀处应当设置闸阀井。在管道起伏的高处、顺坡管道上端阀门的下游、逆止阀的上游,均应该设置进气阀、排气阀。在干、支管的末端应设置冲洗排水阀。

（12）在直径大于 50 mm 的管道末端、变坡、转弯、分岔和阀门处,应该设置镇墩。当地面坡度大于 20% 或管径大于 65 mm 时,宜每隔一定距离增设镇墩。

（13）管道埋深应根据土壤冻土深度、地面荷载和机耕要求确定。干管、支管埋深应不小于 60 mm,地下滴灌毛管埋深不宜小于 30 mm。

3.滴头布置

（1）滴头选择是否恰当，直接影响工程的投资和灌水质量。设计者应熟悉各种灌水器的性能和适用条件，考虑以下因素选择适宜的灌水器：

①作物种类和种植模式。不同的作物对灌水的要求不同，相同作物不同的种植模式对灌水的要求也不同。如条播作物，要求沿带状湿润土壤，湿润比高，可选用线源滴头；而对于果树等高大的林木，株行距大，一棵树需要绕树湿润土壤，可用点源滴头。作物不同的株行距种植模式，对滴头流量、间距等的要求也不同。

②土壤性质。土壤质地对滴灌入渗的影响很大，对于沙土，可选用大流量的滴头，以增大土壤水的横向扩散范围；对于黏性土壤，应用流量小的滴头，以免造成地表径流。

③工作压力及范围。任何滴头都有其适宜的工作压力和范围，应尽可能选用工作压力小、范围大的滴头，以减少能耗及提高系统的适应性。滴头设计水头，可以根据灌水小区田面平整程度情况在 5~7 m 内灵活选取，田面平整的取较小值，反之则取较大值。

④流量压力关系。滴头流量对压力变化的敏感程度直接影响灌水的质量和水的利用率，应尽可能选用流态指数小的滴头。

⑤灌水器的制造精度。滴灌的均匀度与灌水器的精度密切相关，在许多情况下，灌水器的制造偏差所引起的流量变化超过水力学引起的流量变化，应选用制造偏差系数小的滴头。

⑥对水温变化的敏感性。灌水器流量对水温的敏感程度取决于两个因素：一是灌水器的流态。层流型灌水器的流量随水温的变化而变化，而紊流型灌水器的流量受水温的影响小，因此在温度变化大的地区，宜选用紊流型灌水器。二是灌水器某些零件的尺寸和性能。它们易受水温的影响，如压力补偿滴头所用的人造橡胶片的弹性可能随水温而变化，从而影响滴头的流量。

⑦对堵塞、淤积、沉淀的敏感性。抗堵塞能力差的滴头，要求高精度的过滤系统，往往造成滴灌系统的造价及能耗大幅度增加，甚至会导致滴灌系统的报废。实践证明，单翼迷宫式薄壁非复用型滴灌带，抗堵塞能力较强，也避免了滴灌带重复使用造成的堵塞累加问题。

⑧成本与价格。一个滴灌系统有成千上万的灌水器，其价格的高低对工程投资的影响很大。设计时，应尽可能选择价格低廉的灌水器。

大田膜下滴灌一般均采用工厂定型生产的毛管和滴头合为一体的一次性薄壁滴灌带，滴头通常 20~40 cm 等间距布设。

（2）滴头流量选择。滴头流量主要依据土壤质地,为了降低系统投资,在尽可能的情况下应该选用小流量滴头;在毛管和滴头布置方式确定的情况下,应尽可能满足滴头对土壤湿润比的要求、满足作物灌溉制度的要求。滴头设计流量一般控制在 2 L/h 以下,最大不超过 3 L/h。滴头应当选择正规生产厂家生产、制造偏差小、抗堵塞性能强的滴头。

（3）滴灌带布置主要取决于滴灌作物栽培模式,铺设方向必须顺着作物种植方向。毛管间距由作物种植结构、土壤性质及毛管自身的水力特性决定。滴灌带一般铺设于地表地膜下,也可将毛管浅埋(埋深≤5 cm)。

（4）作物栽培应突破地面情况下的传统栽培模式,尽可能采用宽窄行,适当调整株行距,加大滴灌带铺设间距。

（5）实施科学合理的栽培模式和灌溉制度,在中壤土和黏土上,一条滴灌带可向四行作物供水。轻质土壤情况下,一般设计成一条滴灌带向两行作物供水。

3.3.4 滴灌自动控制系统

3.3.4.1 滴灌自动控制系统特性

滴灌自动控制系统是将电子技术和灌溉节水技术、农作物栽培技术结合起来,系统在不需要人为控制的情况可以自动开启灌溉,也可以自动关闭灌溉。灌溉自动控制系统主要特性如下。

1.精准性

与传统的灌溉靠经验判断灌水时间相比,自动控制系统可以实现对整个系统的各个灌水小区精确的启动时间控制,从时间上保证了整个区域的灌水均匀性和时间的准确控制。

2.高效性

用自动控制系统管理灌区,系统会按照编好的轮灌组、轮灌顺序、灌溉量和灌溉周期自动开启和关闭阀门,与传统的人工灌溉相比,没有人为因素影响,管理效率高,节省了人力和时间,降低了劳动强度。

3.节水性

自动控制系统可以连接智能型的传感器,可根据当时的气象条件或土壤的含水量,当达到设置的条件时自动进行灌溉,做到作物或植物需要多少水就灌多少水,适时、适量灌水,提高了水的利用率。

3.3.4.2 滴灌自动控制系统类型

自动控制系统按照不同的分类方式其种类很多,根据控制系统运行的方式,可分为半自动控制和全自动控制;根据系统通信方式,可分为有线通信控制系统、无线通信控制系统、田间独立控制系统;根据控制器的控制线布线方式,可分为传统信号线方式、两线制解码器方式;根据设备组成方式,可分为基于可编程逻辑控制器或计算机编程的控制系统、基于物联网的灌溉控制系统等。以下主要介绍半自动控制系统和全自动控制系统。

1.半自动控制系统

半自动控制系统通常也可称为时序控制灌溉系统,系统将灌水开始时间、灌水延续时间和灌水周期作为控制参量,实现整个系统的自动灌水。系统工作时灌溉管理人员可根据需要将灌水开始时间、灌水延续时间、灌水周期等设置到控制器的程序中,当达到设定的时间时,控制器通过向电磁阀发出信号,开启或关闭灌溉系统。半自动控制系统中也可以选配一些传感器,如土壤水分传感器设备。

2.全自动控制系统

全自动控制系统是一种智能灌溉系统,通常由信息采集系统,将与植物需水相关的参量(温度、降雨量、土壤含水量等)通过传感器收集起来反馈到中央计算机,计算机通过软件分析会自动决策所需灌水量,并通知相关的执行设备,开启或关闭灌溉系统。半自动灌溉系统可作为全自动灌溉系统的子系统。

不管是半自动还是全自动控制系统,都是需要人为参与的,人的作用是调整控制程序和检修控制设备。在系统出现意外情况时,可手动进行电磁阀开启,以保证连续灌溉不会中断,不误农时。

3.3.4.3 滴灌自动控制系统组成

滴灌自动控制系统由灌溉系统和自动控制系统两部分组成。灌溉系统的组成与一般灌溉系统的组成完全相同,主要包括首部、田间管网、灌水器等。自动控制系统根据实际需求的不同,全自动控制系统和半自动控制系统由不同的设备组成,半自动控制系统一般由控制器、电磁阀组成,控制器有大有小,小的控制器只控制单个电磁阀,而大的控制器可控制多个电磁阀;全自动控制系统一般由中央控制系统、阀门控制器、电磁阀、田间信息采集或监控设备、通信系统和电源等组成。

1.半自动控制系统

1)控制器

控制器是灌溉自动控制系统的主要设备。根据自动化程度的不同选用的控制器也不相同,同一种控制系统根据功能实用要求的不同,采用的控制器也不相同,目前使用较多的是时间控制器。控制器是一种可编程的存储器,可以利用其内部存储程序,执行逻辑运算、顺序控制、定时、计数与算数操作等面向用户的指令,并通过数字或模拟式输入、输出控制闸门,能根据用户要求设定各灌区的灌溉顺序和灌溉时间。

2)电磁阀

电磁阀从原理上分为三大类:直动式电磁阀、先导式电磁阀、先导直动式电磁阀。一般自动化灌溉系统使用先导式电磁阀。

(1)直动式电磁阀。通电时,电磁线圈产生电磁力把关闭件从阀座上提起,阀门打开;断电时,电磁力消失,弹簧把关闭件压在阀座上,阀门关闭。其特点是在真空、负压、零压时能正常工作,但通径一般不超过 25 mm。

(2)先导式电磁阀。通电时,电磁力把先导孔打开,上腔室压力迅速下降,在关闭件周围形成上低下高的压差,流体压力推动关闭件向上移动,阀门打开;断电时,弹簧力把先导孔关闭,入口压力通过旁通孔迅速关闭腔室,在关闭件周围形成下低上高的压差,流体压力推动关闭件向下移动,关闭阀门。其特点是流体压力范围上限较高,可任意安装,但必须满足流体的压差条件。

(3)先导直动式电磁阀。先导直动式电磁阀,在设计上巧妙地运用了先导式与直动式电磁阀的特有优点,使其达到了用途广泛、开闭快速、零压力开启及通径大等特点,但功率较大,通常要求必须水平安装。

控制器与电磁阀的连接方式有两种,一种是较为传统的连接方式,即控制器到每个电磁阀均需一根信号线;另一种是解码器的连接方式,控制器与所有电磁阀仅需一根 2 芯双绞线,电磁阀与双绞线之间需另外增加为电磁阀分配地址码的解码器。解码器控制系统相对于原有的有线控制系统有着更大的站点数、更远的铺设距离。为方便有线控制系统的日常管理,可在原有的有线控制器上增加无线遥控设置。在日常管理当中,直接拿遥控器就可开启指定阀门或阀门组,管理更加方便灵活。

2.全自动控制系统

1)中央控制系统

中央控制系统根据灌溉管理人员输入的灌溉程序将采集到的灌溉区域的信息进行处理,判断是否需要进行灌溉和确定灌溉的时长,向阀门控制器发出电信号,开启及关闭灌溉系统。

中央控制系统是全自动化灌溉系统的核心,主要由微机等设备及控制系统软件组成。微机设备与计算机一样,由电源控制箱、主控计算机和显示器等设备组成。控制系统软件是安装于微机设备上的,对各类信息分析判断是否开始和结束灌溉,并发送指令给控制器。

2）阀门控制器

阀门控制器是与电磁阀装置配套使用的产品，用以控制电磁阀的开启和关闭，可以是只有简单的定时功能，也可以是编程功能的控制器。

3）电磁阀

电磁阀是自动化灌溉系统的执行元件，通过接收阀门控制系统传递的信号开启和关闭。

4）田间信息采集或监控设备

田间信息采集主要依赖传感设备，传感设备就是能够感受规定的被测量物并按照一定规律转换成可能输出信号的器件或装置。

田间信息采集系统可实时采集灌区的空气温湿度、光照强度、风速风向、降雨量、土壤水分含量等参数，实现对设施农业综合生态信息进行自动监控，对环境进行自动控制和智能化管理田间。田间采集系统主要由核心板、传感器、通信模板块、电源组成，可选用太阳能供电或者系统供电。

田间信息采集系统主要靠传感器收集信息。不同参数的传感器也不相同，主要有温（湿）度传感器、气压传感器、光照强度传感器、光合有效辐射传感器、风向传感器、雨量传感器、地温传感器、土壤水分传感器等。一般自动化灌溉系统中主要用土壤水分传感器。

5）通信系统和电源

通信系统是将田间信息采集的信息传送到中央控制器和将中央控制器下达的指令传送到阀门控制器。通常对于较大型的灌区多采用无线通信，对于小型灌区多采用有线通信也可采用无线通信。随着技术的发展，现在逐步发展成无线通信。电源主要是维持设备的正常工作。

第4章 大型灌区节水改造工程技术试验研究

4.1 骨干渠道衬砌保温防冻胀试验研究

4.1.1 骨干渠道试验场基本情况

4.1.1.1 地理位置

项目区位于某河套灌区南部,北与总干渠相接,南临黄河。距临河区 12 km,交通便利。

4.1.1.2 气象条件

示范区的气候特点与河套地区相似,属于温带大陆性干旱、半干旱气候带。其主要特征是冬长夏短,干燥,风多,温差较大,年平均气温 6.9 ℃,平均相对湿度 40%~50%,降雨量稀少,多年平均年降水量为 144.2 mm,蒸发强烈,温差较大,光照充足,光能资源丰富,年总辐射为 153.13 kcal/cm^2(1 kcal = 4.184 kJ),年日照时数为 3 100~3 300 h,无霜期较短,平均为 133~150 d,土壤一般在 11 月中旬封冻,在翌年 4 月下旬至 5 月上旬融化,形成一个冻融周期,冻结历时 180 d 左右。冻结指数为 536~955 ℃·d,冻深为 70~120 cm。

4.1.1.3 地貌特征

项目区属于黄河河套湖相沉积平原区。示范区内地势南高北低,地面高程为 1 034.4~1 037.4 m,地面坡降 1/3 000~1/4 000,土地较平整。

4.1.1.4 土壤条件

项目区表层为黏性土层,由沙壤土、壤土和黏土组成,厚度一般为 3~5 m,分布不连续。含水层岩性上部以黄色、灰黄色细砂、中细砂、细中砂为主,结构松散,分选均匀,厚 23~42 m,其间偶夹 1~2 层薄层黏土或沙壤土,厚度一般小于 2 m;下部以黄灰色、灰色细砂、粉细砂、细粉砂或粉砂为主,厚

18~36 m,其间夹 2~3 层薄层黏性土透镜体,厚度一般小于 3 m。根据已有资料,示范区地下水埋深一般在 1.5~2.0 m,单井涌水量 1 000 m³/d 左右,渗透系数 10 m/d 左右。

4.1.1.5 水文地质条件

项目区近年年引水量为 2 000 万 m³ 左右,现灌溉面积 2 800 hm²,用水量为 479 m³/亩。示范区处于河套灌区中上游地带,地表水主要是引黄灌溉,黄河水矿化度为 0.51 g/L,农田用地下水灌溉,潜水矿化度小于 1 g/L,地下水资源主要为降雨、灌溉入渗补给和黄河侧渗补给,经估算,示范区地下水资源量为 65 384 万 m³。地下水位周年的变幅,随着灌溉水量的变化而升降,一般冬春季水位埋深最大,为 1.5~2.5 m,灌溉期水位最浅为 0.5~1.0 m。示范区内地下水观测井资料表明,灌溉期(5 月中旬至 9 月前)平均埋深 1.0 m,土壤封冻期(11 月中下旬至翌年 3 月初)平均埋深 2.0 m,秋浇期(10 月中旬至 11 月上旬)平均埋深 1.3 m,灌溉入渗水是潜水变化的主要原因。

4.1.1.6 试验渠道基本情况

试验段选定在河套灌区干渠南边分干渠 8+610~8+682 处,长度 72 m,二闸下游测流桥以东,渠道走向为东西走向,为挖方渠道,共设置了 7 种不同衬砌结构进行试验。项目区渠道土质力学性能指标如表 4-1 所示。

表 4-1　项目区渠道土质力学性能指标

名称	天然含水率/%	塑性指数	液性指数	状态
重粉质壤土	21	8.64	0.17	硬塑

试验段渠道基土由轻-重粉质壤土组成,由于地质不一,含水量较大,承载力较低,地质条件差。主要水力要素为:设计流量 12.0 m³/s,渠底宽 5.2 m,设计水深 1.98 m,内外边坡 1:1.75,设计纵坡 1/7 050,糙率 0.02,超高 0.72 m,堤顶宽 3~5 m。

4.1.2　渠道衬砌结构

4.1.2.1　南边分干渠试验段设计

河套灌区骨干渠道新材料防冻胀试验,南边分干渠试验段共进行 7 个设计处理,试验设计处理如表 4-2 所示。

表 4-2　南边分干渠试验设计处理

试验段	试验一 对比段	试验二 保温段	试验三 保温段	试验四 保温段	试验五 保温段	试验六 对比段	试验七 设计对比段
设计处理	混凝土板+膜	聚苯乙烯保温板	聚苯乙烯保温板	聚氨酯保温板	聚氨酯保温板	10 cm厚模袋混凝土	15 cm厚模袋混凝土
试验方案	6 cm混凝土板+3 mm聚乙烯膜	保温板：20 kg/m³；阴坡：上6 cm，下8 cm；阳坡：上4 cm，下6 cm，底8 cm	保温板：20 kg/m³；阴坡：上4 cm，下6 cm；阳坡：上3 cm，下5 cm，底6 cm	保温板：46 kg/m³；阴坡：上4 cm，下6 cm；阳坡：上3 cm，下5 cm，底6 cm	保温板：46 kg/m³；阴坡：上3 cm，下4 cm；阳坡：上2 cm，下3 cm，底4 cm	阴坡、阳坡10 cm厚模袋混凝土，渠底素土夯实	阴坡、阳坡15 cm厚模袋混凝土，渠底素土夯实

4.1.2.2 南边分干渠平面试验场设计

平面冻胀试验场位于河套灌区永济灌域南边分干渠二闸管理段附近,试验场面积为 32 m×27 m。试验共设置 20 个处理,处理 1~6 为不同厚度聚苯乙烯保温板的监测(2 cm、4 cm、6 cm、8 cm、10 cm、12 cm),处理 7 试验方案为 30 kg/m³ 密度、6 cm 厚的聚苯乙烯保温板的监测,处理 8~13 为不同厚度聚氨酯保温板的监测方案(2 cm、3 cm、4 cm、5 cm、6 cm、8 cm),处理 14~16 为 10 cm 模袋混凝土不同厚度聚苯乙烯保温板的监测(4 cm、6 cm、8 cm),处理 17~19 为不同厚度无保温处理的模袋混凝土(10 cm、12 cm 和 15 cm),处理 20 为无保温处理的对比段。对比段及保温段板上砌筑 6 cm 厚预制混凝土砌块,混凝土板下铺设 3 cm 厚 M10 砂浆垫层。试验方案的试块面积均为 4 m×4 m,每种试验方案间隔 1 m。

在试验场布设 1 组分层冻胀量观测装置,分层冻胀量的埋置深度分别为 0 cm、20 cm,40 cm、60 cm、80 cm、100 cm、120 cm,共 7 层,安装丹尼林冻土器 1 套、自动气象站 1 套。平面试验场试验设计处理如表 4-3 所示。

4.1.3 渠道衬砌保温材料技术要求

4.1.3.1 材料保温机制及性能

本试验段采用了聚苯乙烯与聚氨酯两种保温材料,其保温机制如下:

衬砌渠道采用保温措施,就是利用保温材料导热系数低的性能改变和控制渠道衬砌基土周围热量的输入、输出及转化过程,人为地影响冻土结构,使冻土内部的水热耦合作用在时间上、空间上向不利于冻胀的方向发展、变化。具体表现在:①提高冻结区的地温;②推延冻结的进程、减缓冻结速率、削减冻深;③减少水分迁移量、降低冻土中的冰含量;④削减冻胀量。

聚苯乙烯(EPS)是由聚苯乙烯聚合物为原料加入发泡添加剂聚合而成的,属超轻型土工合成材料,具有重量轻、导热系数低、吸水率小、化学稳定性强、抗老化能力高、耐久性好、自立性好、施工中易于搬动等优点,缺点是耐热性低。聚苯乙烯保温板力学性能如表 4-4 所示。

聚氨酯硬质泡沫板是一种优质的隔热保温材料,具有自重轻、导热系数低、吸水性小、耐老化、运输施工方便等特点。试验采用聚氨酯保温板的密度为 46 kg/m³。聚氨酯保温板力学性能如表 4-4 所示。

表4-3 平面试验场设计处理

处理	1	2	3	4	5	6	7	8	9	10
试验方案	聚苯乙烯保温板 2 cm, 20 kg/m³	聚苯乙烯保温板 4 cm, 20 kg/m³	聚苯乙烯保温板 6 cm, 20 kg/m³	聚苯乙烯保温板 8 cm, 20 kg/m³	聚苯乙烯保温板 10 cm, 20 kg/m³	聚苯乙烯保温板 12 cm, 20 kg/m³	聚苯乙烯保温板 6 cm, 30 kg/m³	聚氨酯保温板 2 cm, 45 kg/m³	聚氨酯保温板 3 cm, 45 kg/m³	聚氨酯保温板 4 cm, 45 kg/m³
处理	11	12	13	14	15	16	17	18	19	20
试验方案	聚氨酯保温板 5 cm, 45 kg/m³	聚氨酯保温板 6 cm, 45 kg/m³	聚氨酯保温板 8 cm, 45 kg/m³	10 cm 模袋混凝土；聚苯乙烯保温板 4 cm, 45 kg/m³	10 cm 模袋混凝土；聚苯乙烯保温板 6 cm, 45 kg/m³	10 cm 模袋混凝土；聚苯乙烯保温板 8 cm, 45 kg/m³	10 cm 模袋混凝土；无保温	12 cm 模袋混凝土；无保温	15 cm 模袋混凝土；无保温	无保温，处理对比段

表 4-4 保温板力学性能

项目	密度/（kg/m³）	吸水率（浸水 96 h 的体积百分数）/%	压缩强度（压缩 50%）/kPa	弯曲强度/kPa	尺寸稳定性（-40~70 ℃）/%	导热系数/[W/（m·K）]
规范指标	≥15	≤6	≥60	≥180	≤4	≤0.041
聚苯乙烯板测试值	21.36	1.7	240	250	±0.4	0.036
聚氨酯板测试值	45.48	1.98	323	196	±1.5	0.029

4.1.3.2 保温材料厚度确定

由于冻土力学很复杂，土的冻胀是一个多场同时耦合的结果，在软件模拟计算中很多影响因素都不考虑，计算结果很难反映出实际情况。各地区气候、土质、地下水位等情况不同，目前渠道混凝土衬砌防冻胀保温板厚度的确定还没有形成成熟的理论系统，很多地区只是根据各地区大量的冻胀试验及经验来确定保温板的厚度，其厚度的选定直接关系到工程效果和经济效益，需慎重对待。试验段铺设保温板厚度如表 4-5 所示。

表 4-5 试验段铺设保温板厚度

断面		阴坡保温板厚度/cm		阳坡保温板厚度/cm	
		上部	下部	上部	下部
聚苯乙烯保温板	保温 1	6	8	4	6
	保温 2	4	6	3	5
聚氨酯保温板	保温 3	4	6	3	5
	保温 4	3	4	2	3

4.1.4 观测点的布置

4.1.4.1 试验渠道观测点的布置

南边分干渠每个试验处理段断面长为 8 m，保温板按照不同厚度分别铺设在阴阳坡的上下部及渠底。在每个试验处理段的阴、阳坡按上、下部分别布设了含水量观测点、边坡冻胀变形观测装置两组，在每个试验段的阴阳坡上、下部位布置了不同深度的地温孔,在试验场旁布设 1 眼地下水位观测井。

4.1.4.2　平面试验场观测点的布置

南边分干渠平面试验场每个试验处理为 4 m×4 m 正方形布设,间距 1 m。保温处理分 5 层,为表层、保温板上(9 cm 处)、保温板下(19 cm 处)、30 cm 和 50 cm 处;对比段分 7 层,为表层、板下(9 cm 处)、19 cm、30 cm、50 cm、75 cm 和 100 cm 处;相同厚度 10 cm 现浇模袋混凝土保温处理为模袋混凝土下、19 cm、30 cm、50 cm 处;现浇模袋混凝土无保温处理为模袋混凝土下、30 cm、50 cm、75 cm 和 100 cm 处。

4.1.5　保温材料的铺设及施工

示范区渠道边坡保温材料的铺设应根据渠道各坡别、上下不同部位、不同材料铺设厚度,在人工边坡修整完成后,以及各种监测仪器全部埋设完成后再进行铺设。保温材料铺设时注意块与块之间的衔接,不得留有间隙,应紧密,防止因铺设时人为造成的缝隙导致冷空气的进入。

4.1.6　主要观测内容

试验段主要观测内容包括:渠道冻前土壤含水量、最大冻深时土壤含水量、土壤融通后的土壤含水量监测;冻结期地下水位变化监测;渠道土壤地温(冻结深度)监测;渠道土壤冻融变形量(衬砌变化观测)监测;平面冻土试验场增加了一组分层冻胀量监测。南边分干渠试验观测内容如表 4-6 所示。

表 4-6　南边分干渠试验观测内容

项目	试验一 对比段	试验二 保温段	试验三 保温段	试验四 保温段	试验五 保温段	试验六 对比段	试验七 设计 对比段
设计处理	混凝土板+膜	聚苯乙烯保温板	聚苯乙烯保温板	聚氨酯保温板	聚氨酯保温板	10 cm 厚模袋混凝土	15 cm 厚模袋混凝土
观测内容	冻胀量、地温、含水率	冻胀量、地温、含水率	冻胀量、地温、含水率	冻胀量、地温、含水率	冻胀量、地温、含水率	冻胀量、含水率	冻胀量、含水率

项目	试验一对比段	试验二保温段	试验三保温段	试验四保温段	试验五保温段	试验六对比段	试验七设计对比段
试验处理	6 cm 混凝土板＋3 mm 聚乙烯膜	保温板：20 kg/m³；阴坡：上 6 cm，下 8 cm；阳坡：上 4 cm，下 6 cm，底 8 cm	保温板：20 kg/m³；阴坡：上 4 cm，下 6 cm；阳坡：上 3 cm，下 5 cm，底 6 cm	保温板：46 kg/m³；阴坡：上 4 cm，下 6 cm；阳坡：上 3 cm，下 5 cm，底 6 cm	保温板：46 kg/m³；阴坡：上 3 cm，下 4 cm；阳坡：上 2 cm，下 3 cm，底 4 cm	阴坡、阳坡 10 cm 厚模袋混凝土，渠底素土夯实	阴坡、阳坡 15 cm 厚模袋混凝土，渠底素土夯实

4.1.7 观测仪器及方法

4.1.7.1 土壤含水率监测

渠道土壤含水量采用人工钻孔分层分部位取样,采用称重烘干法测得土壤含水量,分析计算。每年封冻前、最大冻深时、冻土融通后共取土 3 次。

4.1.7.2 地下水位监测

在试验段左岸观测保护房内打地下水位监测井 1 眼,井管材料可选用 PVC 管材,口径 110 mm,井管底部密封,井深 6 m,每 5 d 观测 1 次地下水位变化。

4.1.7.3 土壤地温(冻结深度)监测

采用温度传感器监测地温,观测精度±0.5 ℃。测温孔布设:渠道边坡布设 2 孔,测温孔垂直坡面。一至五试验段阴、阳坡及渠底布设地温传感器,六、七试验段不予实施,冻结深度采用零温线进行推算;平面冻土试验场 19 个处理小区全部进行监测。

4.1.7.4 土壤冻融变形量监测

冻胀量采用人工观测,一至七试验段均设置冻胀量观测,在渠道边坡设冻胀基准桩,基准桩上架设角钢配合水平尺量测土壤冻融变形量;平面冻土试验场采用水准仪进行冻融变形量监测。

4.1.8　试验方案施工注意事项

在实施过程中要规范施工,每一道施工程序都严格把关,切实遵照"安全、标准、认真"的原则。本试验段从渠道坡面基土整平、夯实、埋设地温传感器、铺设防水聚苯乙烯薄膜、铺设保温板到最后砂浆、混凝土衬砌板整个过程中,任何一个环节都要标准化施工。只有在施工过程中严格控制,后期进入冻胀期后才可以较准确地采集数据,精确地分析结果。

4.1.9　不同保温材料抗冻胀试验成果分析

4.1.9.1　基土温度变化

11 月中旬到次年 1 月中旬气温持续下降,1 月下旬到 3 月中旬气温基本保持负温,波动幅度较小,这段时间为冻结期。从 3 月下旬开始,气温开始回升,4 月气温上升到 0 ℃以上,这段时间为消融期。

4.1.9.2　冻胀规律

1.防冻胀处理段与不同保温材料处理冻胀效果分析

对比段的冻胀量明显大于有保温措施和模袋混凝土的试验段冻胀量;保温 3 的冻胀量最小,说明其保温效果最好;其次为保温 1、保温 4、保温 2、模袋 10 cm、模袋 15 cm。

2.相同厚度聚氨酯与聚苯乙烯保温板冻胀量对比分析

阳坡下部聚苯乙烯保温板的冻胀量大于相同厚度的聚氨酯保温板的冻胀量。保温 2 的最大冻胀量为 1.9 cm,保温 3 的最大冻胀量为 1.2 cm,相同厚度聚氨酯较聚苯乙烯保温板冻胀量减少 37%。

各保温措施的冻胀量明显小于对比段的冻胀量,保温板起到了防冻的作用。削减率最大达到 82.86%,最小达到 34.29%。

4.1.10　保温防冻胀机制试验研究

4.1.10.1　无防冻胀处理段与不同保温材料处理冻胀效果分析

1.对比段与不同厚度聚苯乙烯保温板冻胀效果

有保温措施的试验段的冻胀量明显小于对比段的冻胀量,且保温板越厚,冻胀量越小,没有残余变形。密度为 20 kg/m² 的保温板厚度达到 8 cm 时没有冻胀发生,达到 6 cm 时有冻胀发生,仅仅为 10 mm。

2.对比段与不同厚度聚氨酯保温板冻胀效果

有保温措施的试验段的冻胀量明显小于对比段的冻胀量,且保温板越厚冻胀量越小,没有残余变形。

3.对比段与不同厚度聚苯乙烯 10 cm 模袋冻胀效果

有保温措施的试验段的冻胀量明显小于对比段的冻胀量,且保温板越厚,冻胀量越小,没有残余变形。

4.对比段与不同厚度模袋混凝土冻胀效果

不同厚度模袋混凝土冻胀量明显小于对比段的冻胀量,模袋混凝土的抗冻效果明显,且模袋混凝土的厚度越大,其抗冻效果越好。

4.1.10.2　相同厚度、不同保温材料冻胀量对比分析

相同厚度的聚苯乙烯保温板的冻胀量明显大于聚氨酯保温板的冻胀量,2 cm 聚氨酯保温板的保温效果好于 20 kg/m³、8 cm 聚苯乙烯保温板。

4.1.10.3　相同厚度、相同保温材料,不同衬砌材料冻胀效果

相同厚度保温板混凝土预制板与 10 cm 模袋混凝土冻胀量没有区别,两者在冻融期内没有残余变形。

4.1.10.4　试验场不同保温材料铺设厚度与冻胀量的关系

1.聚苯乙烯保温板厚度与冻胀量关系

在衬砌下加入保温板后,衬砌冻胀量急剧减小;而且随着保温板厚度的增加,冻胀量越来越小。当聚苯乙烯保温板的厚度达到 10 cm 时,冻胀量为 0 cm,此时衬砌无冻胀变形。

2.聚氨酯保温板厚度与冻胀量关系

在衬砌下加入保温板后,衬砌冻胀量急剧减小;而且随着保温板厚度的增加,冻胀量减小的趋势越来越明显。当聚氨酯保温板的厚度达到 5 cm 时,冻胀量削减率达到98.51%,冻胀量为 0.3 cm。

3.10 cm 厚模袋混凝土+聚苯乙烯板保温措施下板厚与冻胀量关系

在模袋混凝土衬砌下加入保温板后,衬砌冻胀量急剧减小;而且随着保温板厚度的增加,冻胀量减小的趋势越来越明显。当模袋混凝土下聚苯乙烯保温板的厚度达到 8 cm 时,冻胀量削减率达到94.03%,冻胀量为 1.2 cm。

4.模袋混凝土保温措施下模袋厚度与冻胀量关系

随着模袋混凝土厚度的增加,冻胀量越来越小。当模袋混凝土的厚度达到 15 cm 时,冻胀量削减率达到67.16%,冻胀量为 6.6 cm。

4.1.10.5 分层冻胀量

为研究地基土各层次冻胀量的大小,采用了单体基准法对各土层的冻胀量进行了监测,每层土层厚度为 20 cm。随着冻结深度的发展,由上而下各层基土依次开始发生冻胀,达到最大冻胀量后,从 3 月初依次开始融沉,至 4 月中旬全部复位,80 cm 以下未产生冻胀。

4.2 田间节水灌溉技术试验研究

4.2.1 田间渠道衬砌新技术试验研究

为检测新技术,在示范区毛渠进行了玻璃钢新材料、竹塑新材料、混凝土 U 形槽渠道衬砌,开展了田间工程措施的集成与示范、节水效果评估、防冻胀效果监测和渠道运行状况的监测。项目区主要开展 3 条毛渠的衬砌,长度 300 m,其中整体 U 形 D50 混凝土断面 1 条,长度为 100 m;竹塑 D50 渠道 1 条,长度为 100 m;玻璃钢 Φ500 断面 1 条,长度为 100 m。

4.2.1.1 玻璃钢新材料渠道衬砌

玻璃钢新材料渠道衬砌外观尺寸,长度偏差为总长度的±0.5%;厚度偏差:平均厚度不小于公称厚度的 90%;巴氏硬度:水渠外表面的巴氏硬度不小于 35。比重 1.65～2.00,盛水变形量不大于 5%,使用年限为 20 年以上,糙率系数为 0.008 4,耐温性能为−50～80 ℃,渠壁树脂中的不可溶成分含量不小于 90%。

4.2.1.2 竹塑新材料渠道衬砌

竹塑材料渠道衬砌具有防渗效果好、输水速度快、占地面积小、施工效率高、抗冻融效果好、预制化程度高、整体外观美、耐久性能好等优点。

4.2.1.3 混凝土 U 形槽渠道衬砌

混凝土 U 形槽渠道衬砌如图 4-1 所示。

混凝土 U 形槽具有以下优点:

(1)防渗效果好。混凝土板是人工浇筑的,存在厚薄不均匀的情况,而 U 形槽是机制混凝土,薄厚均匀,渠道水利用系数可达到 0.97～0.98,由于 U 形渠道湿周短、流速快、接缝少,因此输水损失小,防渗效果好。

图 4-1 混凝土 U 形槽渠道衬砌

(2)U 形槽渠道的渠口窄,而且能够独立承受水的外力,渠道占地面积小,U 形槽衬砌的倾角为 14°,而 C15 混凝土现浇渠道倾角为 27°,与 C15 混凝土渠道衬砌相比,U 形槽衬砌渠道可节约 5%的土地。

(3)U 形槽衬砌由于断面小,土方开挖量小,节省了劳动力。

(4)施工方便,施工周期短,施工受外部环境的影响小。

(5)地形变化适应能力强,水的利用率高。

4.2.1.4 新材料毛渠衬砌工程效益

与土渠对比,示范区玻璃钢新材料、竹塑新材料、混凝土 U 形槽渠道衬砌后具有以下效益:

(1)节水效益。土渠渗透量大,渠道水利用率低,浪费水严重,而通过新材料衬砌后,渠道水利用系数由以前的 0.46 提高到 0.9 以上,减少灌溉水的浪费,达到了节水的目的。

(2)节地效益。示范区衬砌毛渠长为 100 m,衬砌后渠道每侧分别可节约 1.5 m,每条毛渠分别节约土地 300 m²,可以增加作物种植面积 300 m²,节约土地 5%左右。

(3)经济效益。通过对毛渠两侧节约的土地,增加了作物种植面积,使得土地利用率提高,作物产量增加,经济效益得到提高。

4.2.2 激光平地技术试验研究

4.2.2.1 激光平地技术简介

激光平地技术是目前世界上最先进的土地精细平整技术。它利用激光束平面取代常规机械平地中人眼目视作为控制基准,通过伺服液压系统操纵平地铲运机具工作,完成土地平整作业。激光平地系统设备主要由激光发射器、激光接收器、控制箱、液压控制阀、平地机 5 部分组成。平地作业时,激光发射器在农田上方发射出极细的能旋转的光束线,在作业地块的定位高度上形成一光平面,此光平面就是平地机组作业时平整土地的基准平面,光面可以呈水平,也可以与水平呈一倾角(用于坡地平整作业)。激光接收器安装在靠近刮土铲铲刃的伸缩杆上,当接收器检测到激光信号后,不停地向控制箱发送电信号,控制箱收到标高变化的电信号后,进行自行修正,修正后的电信号控制液压控制阀,以改正液压油输向油缸的流向与流量,自动控制刮土铲的高度。

4.2.2.2 激光平地设备的设置和操作

1.建立激光

首先根据被刮平的场地大小确定激光器的位置,直径超过 300 m 的地块,激光器放在场地中间位置;直径小于 300 m 的地块,放在场地的周边。激光器位置确定后,支撑三脚架安装激光器并调平,激光的标高应处在拖拉机平地机组最高点上方 0.5~1 m 的地方,以免机组和操作人员遮挡激光束。

2.测量场地

利用接收器对地块进行普通测量,绘制出地块的地形地势图,并计算出平均标高。以这个平均标高的位置作为平地机械作业的基准点,也是平地机刮土铲铲刃初始作业位置。

3.作业

以铲刃初始作业位置为基准,调整激光接收器伸缩杆的高度,使发射器发出的光束与接收器相吻合,然后,将控制开关置于自动位置,即可开始平整作业。

4.2.2.3 激光平地评价指标

目前,常用两种方法来评价土地的平整精度:一种是农田表面相对高程的标准偏差值 S_d,标准偏差值反映了农田表面平整度的总体状况;另一种是为了真实反映农田表面平整度的分布状况,通过计算田块内所有测点的相对高程与期望高程的绝对差值,根据小于某一绝对差值的测点的累计百分比,评价农田表面形状的差异及其分布特性。标准偏差值 S_d 计算公式为

$$S_d = \sqrt{\sum_{i=1}^{n} \frac{(h_i - \bar{h})^2}{n-1}} \tag{4-1}$$

式中　h_i——第 i 个采样点的相对高程;

$\bar{h}$——该田块相对期望高程,即平地设计高程;

n——田块内采样点的总数。

经过激光平地后,相对高程标准差 S_d 控制在 3 cm 之内,并且可以改善以下内容:

(1)节水 30%~50%。

(2)作物产量提高 20%以上。

(3)肥料的利用率可提高到 50%~70%。

(4)提高机械化作业率。

(5)控制杂草生长,减少病虫害。

(6)灌溉效率和灌水均匀度提高 25%以上。

(7)适度扩大畦田规格,减少田(渠)埂占地面积 1.5%~3%。

激光平地技术使得农田具有显著的节水、增产、省工、提高土地利用率等效果,提高农田灌溉水利用率,可以实现精量播种、精量施肥、精细地面灌溉等。如在秋浇前配合进行激光平地,可大幅度提高秋浇灌溉效率和减少秋浇灌溉用水量。

4.2.2.4　示范区激光平地现状与分析

示范区园区距市区 3 km,属于典型的城郊经济区。园区通过土地流转方式整合土地资源近 6 000 亩。土地流转费用比过去农民自己对外承包高出 1 倍,农民土地收益实现直接翻番,农民的土地收益得以体现。园区确立了以设施农业为主,打造临河瓜果蔬菜基地的发展方向,并通过环境改造,逐步建成临黄河的集观光、休闲于一体的综合农业园区。

园区核心区内种植的主要作物为小麦、向日葵、玉米、番茄,种植模式采用套种与单种。小麦套种玉米面积为 1 000 亩,小麦套种向日葵面积为 300 亩,单种玉米面积为 800 亩,单种向日葵面积为 40 亩,单种番茄面积为 260 亩。

园区从开始引进激光平地系统,经过 3 年间断地平地(一般是在春播前和秋收后),园区核心区面积 2 400 亩基本完成了激光平地作业。经过平地后,梯田平整,作物受水均匀,小区由以前的一亩三畦扩大为两亩一畦,节水 30%左右,作物产量提高 30%左右,具有省人工、好作业等优势。

根据各个测点的相对高程,求出每个地块的标准偏差值 S_d。对园区内激光平地后的地块与未平地的地块进行对比分析,对其平地效果进行评价,如表 4-7所示。

表 4-7　激光平地效果评价

地块	平地时间	作业面积/hm²	S_d/cm		绝对改善度 δ/cm	相对改善度/%
			平地前	平地后		
地块一	第一年	0.25	5.9	2.8	3.1	52.5
地块二	第二年	0.30	6.3	2.4	3.9	61.9

由表 4-7 可以看出,第一年平地后地块标准偏差值为 2.8 cm,绝对改善度为 3.1 cm,相对改善度为 52.5%,而第二年平地后地块标准偏差值为 2.4 cm,绝对改善度为 3.9 cm,相对改善度为 61.9%。现阶段我国农田激光平地精度的评价指标建议定为:标准偏差值 S_d 达到 2~3 cm,绝对差值小于 2 cm 的测点累计百分比接近 80%。由实测结果表明,该地区第一年与第二年平地效果基本满足要求,并且第二年的平地效果好于第一年的平地效果。

4.2.2.5 节水效果评价

在示范区开展了激光平地和未激光平地灌水量监测工作,对激光平地后的节水效果进行了分析与评价。在示范园区 2 000 亩核心区内选择 2 块激光平地后的田块,在核心区外选择了 2 块未激光平地的田块,种植作物都为玉米,在玉米生育期灌水时对每次灌水量进行量测。各田块每次灌水时,在各田块田口安装 T 形量水堰或者采用流速仪对玉米田块每轮灌水量进行测定。

测定示范区激光平地处理和未激光平地处理的玉米田块每轮灌水量,对比分析激光平地后的节水量和节水效果。在玉米生育期内共监测灌水 3 次,灌水量对比监测如表 4-8 所示。

表 4-8　灌水量对比监测

处理	田块名称	田块面积/m²	灌水量/(m³/亩)				节水量/(m³/亩)	节水率/%
			第 1 次灌水	第 2 次灌水	第 3 次灌水	平均灌水		
激光平地	田块一	824	82.2	62.3	65.7	61.3	16.08	21
	田块二	738	56.4	53.4	47.8			
未激光平地	田块三	1 143	94.1	76.8	71.6	77.38		
	田块四	712	78.9	77.6	65.3			

监测示范区激光平地与未激光平地的地块灌水量发现,激光平地地块平均灌水量为 61.3 m³/亩,未激光平地地块的平均灌水量为 77.38 m³/亩,平均每亩节水 16.08 m³,示范区激光平地后节水 21%,节水效果较为明显。

4.2.3 示范区田间工程节水改造技术研究

4.2.3.1 试验区布设、设计处理与试验方法

试验区设在示范区分干灌域支渠范围内,占地 35 亩,土壤质地剖面以通体轻沙壤土为主,间有壤黏相同类型,耕作层土壤密度在 1.4 g/m³ 左右,比重为 2.67~2.7,孔隙度为 47%~50%,土壤田间持水量为 23%,为肥力中等的非盐碱化土壤;由西济支渠供水,左五直农渠灌水,灌溉用水比较便利。

按项目可行性分析报告和计划任务书的要求,结合灌区田块工程现状和近期的田块工程规划目标,研究的内容有两个:第一是不同畦块大小灌水定额与节水效果对比;第二是不同土地平整条件下灌水定额与节水效果对比。

不同畦块大小灌水定额与节水效果的研究,共设 4 个处理,即 A(对照田)、B、C、D 分别为 1.65 亩、1.0 亩、0.5 亩、0.33 亩,每个处理 3 次重复。在试验田布置上,因利用现有农户土地,所以采取随机性布设,相同畦长 48 m,不同畦宽分别为 23.0 m、13.9 m、6.95 m、4.63 m,面积分别为 1.65 亩、1.0 亩、0.5 亩、0.33 亩。

不同土地平整条件下灌水定额与节水效果研究共 3 个处理,即 E、F、G 处理。E 处理为地面相对高差小于 5 cm,F 处理为地面相对高差为 5~10 cm,G 处理为地面相对高差大于 10 cm,每个处理 3 次重复,种植作物为小麦套种葵花。

试验方法:结合生产采用大田测验对比的方法,即在土壤肥力、气象、农业生产水平与农艺栽培措施基本一致的条件下,选择临河地区现阶段主要种植模式之一的小麦套种葵花进行试验研究。

4.2.3.2 不同畦块大小灌水定额与节水效果

1.灌溉用水量节水效果分析

按照试验处理设计,根据连续两年的试验资料,在种植作物与栽培措施相同的条件下,不同畦块大小的灌水定额如表 4-9 所示。

表 4-9　不同畦块大小的灌水定额

时间	轮次	畦块面积/亩	灌水定额/（m³/亩）	节水量/（m³/亩）	节水效果/%	时间	轮次	畦块面积/亩	灌水定额/（m³/亩）	节水量/（m³/亩）	节水效果/%
首年	1	1.65	80.68			次年	1	1.65	60.40		
		1.00	72.53	8.15	10.1			1.00	53.63	6.77	11.2
		0.50	60.12	20.56	25.5			0.50	45.41	14.99	24.8
		0.33	50.91	29.77	36.9			0.33	38.76	21.62	35.8
	2	1.65	57.70				2	1.65	66.70		
		1.00	48.56	90.14	15.8			1.00	58.58	8.02	12.0
		0.50	41.06	16.64	28.8			0.50	45.83	20.87	31.3
		0.33	34.54	23.16	40.1			0.33	41.25	25.45	38.2
	3	1.65	82.42				3	1.65	85.60		
		1.00	63.05	19.37	6.4			1.00	66.36	19.24	22.5
		0.50	57.74	24.68	18.8			0.50	59.27	26.33	30.8
		0.33	55.63	26.79	24.5			0.33	57.70	27.90	32.6
	秋浇	1.65	96.47				4	1.65	85.30		
		1.00	90.34	6.13	6.4			1.00	63.73	21.57	25.3
		0.50	78.38	18.09	18.8			0.50	52.01	33.29	39.0
		0.33	72.86	23.61	24.5			0.33	43.80	41.50	48.7
							秋浇	1.65	104.46		
								1.00	98.84	5.56	5.4
								0.50	91.71	12.72	12.2
								0.33	88.97	15.49	14.8

　　从首年的灌溉观测资料分析,小麦套种葵花生育期灌水 3 次,从作物生育期灌溉定额看,1.0 亩畦块比对照田块每亩减少 36.7 m³,平均节水效果为 16.6%;0.5 亩畦块比对照田块每亩减少 61.9 m³,平均节水效果为 28.0%;0.33 亩畦块比对照田块每亩减少 79.72 m³,平均节水效果为 36.1%。

　　次年小麦套种葵花生育期灌水 4 次,从作物生育期灌溉定额看,1.0 亩畦块比对照田块每亩减少 55.6 m³,平均节水效果为 18.7%;0.5 亩畦块比对照田块每亩减少 95.5 m³,平均节水效果为 32%;0.33 亩畦块比对照田块每亩减少 116.47 m³,平均节水效果为 39.1%。由两年的试验结果看出,缩小畦块节水效果非常明显。

通过两年的秋浇灌水结果分析,对于秋浇节水情况,不同畦块大小试验结果表明,与对照田块相比,1.0 亩畦块节水效果为 5.9%,0.5 亩畦块节水效果为 12.7%,0.33 亩畦块节水效果为 17.05%。

首年和次年不同畦块大小灌溉定额与节水效果如表 4-10 所示。从不同畦块大小灌水定额与节水效果统计结果看,首年和次年全年灌水次数分别为 4 次和 5 次;对照田(1.65 亩)灌溉定额分别为 317.27 m^3/亩和 402.46 m^3/亩;面积为 1.0 亩畦块灌溉定额分别为 274.48 m^3/亩和 341.24 m^3/亩,与对照田相比,每亩平均节水 52 m^3,节水效果为 14.4%;面积为 0.5 亩的畦块,灌溉定额分别为 237.3 m^3/亩和 294.26 m^3/亩,与对照田相比,每亩平均节水 94.1 m^3,节水效果为 26.1%;面积为 0.33 亩的畦块灌溉定额分别为 213.94 m^3/亩和 270.5 m^3/亩,与对照田相比,每亩平均节水 117.7 m^3,节水效果为 32.7%。

表 4-10　首年和次年不同畦块大小灌溉定额与节水效果

项目	1.65 亩(对照田)		1.0 亩		0.5 亩		0.33 亩	
	首年	次年	首年	次年	首年	次年	首年	次年
灌溉定额/(m^3/亩)	317.27	402.46	274.48	341.24	237.3	294.26	213.94	270.5
节水量/(m^3/亩)	—	—	42.79	61.22	79.97	108.2	103.33	131.96
节水效果/%	—	—	13.5	15.2	25.2	26.9	32.6	32.8
平均节水效果/%	—		14.4		26.1		32.7	

由以上分析可看出:随着畦块面积缩小,节水效果呈递增趋势,但节水效果的增幅随畦块的缩小呈递减趋势,畦块面积 1.0 亩较对照田(1.65 亩)灌溉节水效果提高 14.4%,畦块面积 0.5 亩较 1.0 亩灌溉节水效果提高 11.7%,畦块面积 0.33 亩较 0.5 亩灌溉节水效果提高 6.6%。从河套灌区现阶段生产力发展水平和农民的经济收入情况考虑,现阶段田间节水改造工程,采用 1 亩畦或 0.5 亩畦,均可取得较好的节水效果。

2.灌水均匀度分析

地面灌溉的灌水均匀度是评价灌溉质量的主要指标,是以灌水入渗是否满足灌水定额要求,并沿畦块方向各点入渗水流是否均匀为衡量标准,达到畦块内浇水均匀,又不产生深层渗漏为目的。

各处理灌水均匀度成果如表 4-11 所示。从表 4-11 可以看出:畦块大于 1.5 亩、1.0 亩、0.5 亩和 0.33 亩时,灌水均匀度分别为 74.8%~80.9%、82.6%~87.2%、90.1%~95.4%、94%~98.8%,说明畦块较小,灌水质量较高,畦块较大,灌水质量较差,畦块的大小与灌水质量成反比关系。

表 4-11 各处理灌水均匀度成果

轮次	1.65 亩(对照田)		1.0 亩		0.5 亩		0.33 亩	
	首年	次年	首年	次年	首年	次年	首年	次年
1	77.4	74.8	84.3	87.0	93.4	95.4	95.8	96.4
2	80.9	78.2	87.2	86.6	91.5	90.6	96.6	98.8
3	79.3	80.0	83.0	82.6	90.1	92.3	94.0	95.0
4		75.4		85.4		93.8		96.9
秋浇	76.2	78.1	84.4	86.3	92.2	94.1	95.6	97.3

3.各处理水分生产率分析

平地缩块田间灌溉节水试验不仅要寻求节水途径,而且要达到增产增收的目的。水分生产率是衡量节水灌溉管理技术水平高低的一项重要指标,它是指单位面积产量与作物生育阶段所耗的水量之比,单位为 kg/m³。

根据试验资料分析,小麦套种葵花的水分生产率试验结果如表 4-12 所示。

表 4-12 各处理水分生产率结果

时间	畦块面积/亩	耗水量/(m³/亩)	产量/(kg/亩)	水分生产率/(kg/m³)
首年	1.65(对照)	357.3	304.9	0.85
	1.0	350.6	324.3	0.93
	0.5	321.29	379.6	1.18
	0.33	300.55	391.6	1.30
次年	1.65(对照)	409.2	366.1	0.90
	1.0	385.2	392.9	1.02
	0.5	344.9	409.8	1.19
	0.33	320.4	426.9	1.33

由表 4-12 可知:畦块面积由对照田(1.65 亩)缩小到 1.0 亩,水分生产率由 0.85～0.90 kg/m³ 提高到 0.93～1.02 kg/m³,增长 9.4%～13.3%;畦块面积由对照田(1.65 亩)缩小到 0.5 亩,水分生产率由 0.85～0.90 kg/m³ 提高到 1.18～1.19 kg/m³,增长 38.8%～32.2%;畦块面积由对照田(1.65 亩)缩小到 0.33 亩,水

分生产率由 0.85~0.90 kg/m³ 提高到 1.30~1.33 kg/m³,增长 52.9%~47.8%。

4.2.3.3　不同土地平整条件下灌水定额与节水效果

土地平整程度直接关系到畦块灌水质量。畦块相对高差大,是造成引水量大的主要原因之一。试验研究不同畦块高差是寻求田间节水的又一项重要举措。

1.灌溉用水量与节水效果

根据试验区实际情况,试验设计为畦块相对高差小于 5 cm、5~10 cm 和大于 10 cm 3 种处理,3 次重复的节水效果对比试验。试验田栽培技术、田间管理、农业措施均同大田一致,种植作物为小麦套种葵花。不同土地平整条件下灌水定额试验结果如表 4-13 所示。

表 4-13　不同土地平整条件下灌水定额试验结果

作物	相对高差/cm	灌水定额/(m³/亩)					灌溉定额/(m³/亩)
		第 1 次灌水（4 月 25 日）	第 2 次灌水（5 月 19 日）	第 3 次灌水（6 月 12 日）	第 4 次灌水（7 月 15 日）	秋浇（9 月 24 日）	
小麦套种葵花	≤5	48.2	56.9	58.8	29.1	76.76	192.9
	5~10	52.6	61.6	64.4	30.8	87.34	209.4
	>10	54.0	68.1	68.6	42.4	91.74	232.9

从表 4-13 可以看出,平整畦块比不平整畦块有明显的节水效果。小麦套种葵花不同畦块高差生育期灌溉定额与节水效果是:畦块高差大于 10 cm 以上,灌溉定额为 232.9 m³/亩;畦块高差为 5~10 cm,灌溉定额为 209.4 m³/亩,比畦块相对高差大于 10 cm 的畦块节水 23.5 m³/亩,节水率为 10.1%;畦块相对高差小于等于 5 cm,灌溉定额为 192.9 m³/亩,比畦块相对高差大于 10 cm 畦块节水 40.0 m³/亩,节水率为 17.2%。总体分析,畦块相对高差较大,灌溉定额较大,畦块相对高差与灌溉定额成正比关系。从节约用水的目的出发,现阶段随着农田基本建设标准的提高,畦块建设相对高差以 5~10 cm 为宜,需逐步实施并达到±5 cm 高标准畦田建设标准。

2.灌水均匀度

根据试验资料,不同土地平整条件下灌水均匀度分析结果(次年)如表 4-14 所示。

由表 4-14 可见,田面相对高差小于等于 5 cm、5~10 cm 和大于 10 cm 畦块灌水,均匀度为 91.3%~98%、80.2%~93.1% 和 61.0%~84.6%,说明平整畦块的灌水均匀度大于不平整畦块,畦块相对高差越大,灌水均匀度越小。

表 4-14　不同土地平整条件下灌水均匀度分析结果(次年)

轮次	畦块相对高差/cm	灌水定额/(m³/亩)	灌后土壤含水量/%		灌水均匀度/%
			畦首	畦尾	
第 1 次灌水	≤5	48.15	21.62	20.91	96.7
	5~10	52.59	19.63	17.42	88.7
	>10	53.59	19.25	15.09	76.3
第 2 次灌水	≤5	56.93	18.65	18.27	98.0
	5~10	61.6	18.17	16.92	93.1
	>10	68.06	19.99	19.77	84.6
第 3 次灌水	≤5	58.79	17.47	16.64	95.3
	5~10	64.37	21.41	17.17	80.2
	>10	68.56	18.18	13.9	76.0
第 4 次灌水	≤5	29.1	20.92	19.11	91.3
	5~10	30.8	18.85	5.97	84.7
	>10	42.42	20.79	12.36	61.0
秋浇	≤5	76.76	22.82	21.47	94.1
	5~10	87.34	23.56	21.76	92.4
	>10	91.74	23.45	20.87	89.0

4.2.3.4　结论

(1)较大地块的地面灌溉,长期以来一直是临河地区广种薄收、粗放经营条件下的主要传统灌溉方式,并形成一整套耕作栽培制度、灌溉制度和土壤、地下水、水盐动态规律与土水环境,在地区的农业发展、生产建设中发挥了历史性作用。

随着资源、环境、人口发展矛盾的日益突出,临河地区水资源日趋紧缺,农田灌溉节水势在必行。在总结多年临河地区灌水技术实践和经验,特别是农田基本建设成果的基础上,试验研究取得了适合河套灌区现阶段种植结构、种植作物、经济与管理水平条件下的不同畦块大小的灌溉节水技术成果,填补了临河地区小麦套种葵花田间灌溉节水技术的空白。

（2）小麦套种葵花不同畦块大小地面灌溉节水成果表明:与对照田块灌溉比较,田块缩小到 1.0 亩比对照区灌溉节水 14.4%,灌水均匀度平均提高7.1%;田块缩小到 0.5 亩,比对照田块灌溉节水 26.1%,灌水均匀度平均提高14.9%;田块缩小到 0.33 亩,比对照田块灌溉节水 32.7%,灌水均匀度平均提高 18.6%,充分说明缩小畦块后节水效果和灌水质量都有明显提高。

（3）平整土地是灌溉农田基本建设的核心硬件,在相同种植作物、种植结构与水土环境条件下,田块平整与否及其平整程度对农业灌溉节水影响较大。灌溉定额试验结果表明:田块相对高差 5~10 cm 的地块,比田块相对高差大于 10 cm 的地块水灌溉节水 10.1%,灌水均匀度平均提高 13.9%;田块相对高差小于等于 5 cm 地块,比田块相对高差大于 10 cm 的地块水灌溉节水17.2%,灌水均匀度平均提高 21.9%。

（4）在现阶段水管理技术与经济条件下,平整土地、缩小地块的地面灌溉节水技术是实施灌溉农业节水的一项行之有效且易于推广的节水技术措施,有一定的推广前景,并将会产生比较明显的经济效益和社会效益。以临河地区 14.13 万 hm^2 灌溉面积计算,小麦套种葵花占 26%的现状评价,如果田块均缩小到 1 亩,1 年可比现状田块节约用水 2 866 万 m^3,节约水费 115 万元;如果田块缩小到 0.5 亩,1 年可比现状田块节约用水 5 181 万 m^3,节约水费207 万元;如果田块缩小到 0.33 亩,1 年可比现状田块节约用水 6 485 万m^3,节约水费 259 万元,表明节水潜力巨大。

（5）在现阶段耕作栽培、农业技术、水管理水平、劳力与经济条件下,近期田块工程建设标准以 1.0 亩大畦田面积为宜,其田面相对高差不大于 10 cm。并逐步创造条件,向建设 0.5 亩的畦田面积和畦田相对高差±5 cm 的高标准畦田建设目标迈进。

4.3 灌区高效输配水技术集成与示范

4.3.1 田间输配水渠道设计

4.3.1.1 设计原则及方案

1.设计原则

（1）输配水渠道布设密切结合当地渠、路现状,尽可能利用现有渠、路,以节约投资。

（2）利用不同的渠道横断面形式，采用最优断面，以适应相应的流量。

（3）斗渠、农渠全部实施防渗衬砌措施，以达到高效输水和节约用水的目的。

（4）对斗渠、农渠相应断面形式和衬砌材料进行水利用率测试和防冻胀监测，以了解节水防渗和防冻胀效果。

2.设计方案

高效输配水试验与示范集成方案设计主要结合示范区内现状渠、沟、路布设，分斗渠、农渠、毛渠三级固定渠道，应与主干、生产、田间三级道路相结合。

示范区斗渠、农渠全部实施防渗衬砌。衬砌斗渠 2 条，长度 2 683 m;农渠 8 条，长度 5 113 m。其中，斗渠从分干渠引水，全长 2 930 m，规划渠道在 1+580~2+930(二闸下)，示范区内长度 1 350 m，沿线布置节制闸 2 座、生产桥 3 座。南中斗渠从永刚分干渠引水，全长 2 983 m，本次规划渠道在 2+050~ 2+983，示范区内长度 933 m，沿线布置节制闸 2 座、生产桥 3 座。衬砌农渠 8 条中有 6 条从公安斗渠引水，分别为四农渠和右四农渠、左五农渠和右五农渠、左六农渠和右六农渠;2 条从南中斗渠引水，分别为右四农渠和右五农渠。

4.3.1.2 田间渠道断面设计

1.设计流量

示范区斗渠、农渠均采用轮灌和续灌相结合的灌溉方式，并且考虑渠道现状灌溉流量，根据调整后的灌水率图，以秋浇灌水率值 1.93 $m^3/(s \cdot 万亩)$ 作为设计灌水率值，由每条渠灌溉面积计算的斗渠流量为 0.20~0.10 m^3/s，农渠流量约 0.1 m^3/s。

2.渠道横断面

渠道纵坡根据实测渠道纵断面图、沿线地面比降及目前渠道运行情况，并且满足不冲不淤流速的要求综合分析选定。斗渠纵坡为 1/4 000，农渠纵坡为 1/2 000。

水位根据灌区地面控制高程，自下而上逐级推算各级灌溉渠道的进口水位，并考虑沿程损失和各类建筑物的局部水头损失选定水位。

4.3.1.3 渠道衬砌结构设计

1.渠道防渗措施

示范区斗渠、农渠防渗措施:①梯形断面用 0.3 mm 厚聚乙烯膜防渗;②梯形断面弧形渠底用膨润土防水毯防渗;③U 形断面用现浇混凝土或预制混凝土 U 形槽防渗。

2.渠道防冻胀措施

根据河套灌区隆胜节水示范区渠道防冻胀设计和运行的经验,平整渠道用预制混凝土板或预制固化板护砌渠道,渠道的冻胀位移位在理想位移之内,预制板用 5 cm 厚即可,不需要再采取其他防冻胀措施。预制板作为渠道保护层,又是防渗膜的保护层。

3.渠道防渗防冻胀衬砌断面结构

1)斗渠

项目区内共设计两个断面,均采用梯形断面,即 1+580～2+520(二闸至生产桥)和 2+520～2+930(生产桥下)两个渠段。其中 1+580～2+520 渠段采用 0.3 mm 厚聚乙烯膜防渗,5 cm 厚预制混凝土做保护层,板下设 3 cm 厚的 M5 水泥砂浆过渡层。2+520～2+930 渠段采用 0.3 mm 厚聚乙烯膜防渗,5 cm 厚预制固化板做保护层,板下设 3 cm 厚固化泥过渡层。

2)南中斗渠

项目区内南中斗渠共设计一个断面,即 2+050～2+983(三闸以下)段落,采用梯形断面弧形坡脚结构,0.3 mm 厚聚乙烯膜防渗,膜上采用预制做保护层,板下铺设 3 cm 厚的 M5 水泥砂浆,预制板厚为 5 cm,强度标号为 C20。

3)农渠

项目区内共布设 8 条农渠,其中斗渠左五农渠、右五农渠及右六农渠 3 条农渠设计采用预制混凝土 1/2D(D 为直径)U 形断面,U 形混凝土槽壁厚 5 cm,强度标号为 C20;斗渠左六农渠采用混凝土弧形底梯形断面形式,弧形混凝土预制件厚 5 cm,强度标号为 C20;公斗渠左四农渠设计采用现浇混凝土 D80 整体 U 形断面形式,U 形混凝土槽壁厚 8 cm,强度标号为 C20;斗渠右四农渠设计采用膨润土防水毯弧形底梯形断面形式,防渗毯厚 5 mm,其上 10 mm 厚砂浆保护。斗渠右四农渠设计采用现浇混凝土 D80 U 形断面,U 形混凝土槽壁厚 8 cm;南中斗渠右五农渠设计采用预制混凝土 1/2D80 U 形断面,U 形混凝土槽壁厚 5 cm,强度标号为 C20。

4.渠道衬砌细部设计

1)结构缝、伸缩缝及填缝材料

根据《渠道防渗衬砌工程技术标准》(GB/T 50600—2020)要求,结构缝宽 2.5 cm,填充材料为 M15 水泥砂浆。混凝土梯形断面和 U 形渠道均每隔 6 m 设一横向伸缩缝,伸缩缝采用矩形缝,缝宽 2.5 cm,填缝材料下部为聚氯乙烯胶泥,上部为沥青砂浆,其厚度各为板厚的一半。混凝土梯形断面坡脚处设纵向伸缩缝,缝宽及填筑材料与横向伸缩缝相同;固化板半砌渠道错缝砌筑。

2）封顶板

参照《渠道防渗衬砌工程技术标准》（GB/T 50600—2020），根据流量大小，斗渠封顶板宽为 0.3 m。

4.3.2　田间渠道衬砌新材料应用研究

示范区渠道衬砌采用的新材料有土壤固化剂和膨润土防水毯两种新材料。

4.3.2.1　土壤固化剂

土壤固化剂，也称土壤强化剂，是一种由多个强离子组合而成的化合物，它加入到土壤中，使土壤由亲水性变成憎水性，从根本上将土壤内部的吸附水全部去掉。由适量土壤固化剂与土按比例配合，在最佳含水量下拌和均匀而成的混合料称为固化土混合料。固化土混合料经过碾压或挤压后固化剂与土壤中的水分发生水化作用，实现固化机能。其预制块可用模具成形，经机械碾压可达到所需的强度，用于渠道衬砌的护面材料。示范区渠道衬砌采用了水化类固化剂。用固化土衬砌渠道是渠道防渗工程中的一项新技术，将固化土加工成预制板衬砌渠道可就地取材，节省大量砂石料，大幅度降低衬砌面板的制作成本。

1.土壤固化剂的分类及固化原理

土壤固化剂是在常温下能直接胶结土体中土壤颗粒表面或能够与黏土矿物反应生成胶凝物质的硬化剂。

1）电离子类土壤固化剂

电离子类土壤固化剂是一种高浓度的溶液，主要由石油裂解产品加以磺化物配制而成，属于液体状。溶解于水后形成离子交换中介物。当它施入土壤后于土壤颗粒通过电离子交换，改变水分子和土壤颗粒的电离子特性，破坏土壤孔隙毛细管结构，在外力作用下，土壤孔隙游离子的水分被逐出后土壤由亲水性变为斥水性。土颗粒被外力作用挤压填充密实后，由于密度增大，土壤结构增强，相互内聚力提高，提高了土壤整体的聚结性及黏聚力。试验中引用的 SSS 特砂固、路特固属于这一类固化剂。

2）生物酶类固化剂

受动物如蜜蜂、蚂蚁等分泌出一种物质可固结泥土构筑巢穴的启发，人类研制出生物酶类固化剂。此类固化剂是由有机物质发酵而成的属蛋白质多酶基产品，为液体状。按一定比例与水溶制成水液洒入土中，通过生物酶素的催化作用，经外力挤压密实后，使土壤粒子之间黏合性增强，形成牢固的不渗透性结构。试验使用的帕尔玛固化酶属这一类。

3）水化类固化剂

水化类固化剂主要由石灰石、黏土、石膏、矿物质等加入不同化学激素，经过一定工艺加工而成为固体粉状物质。土壤固化剂按一定渗入量施于土壤中，通过与土壤中的水分作用而发生凝胶化。当外界施以一定压力时，将土壤中气体水分逐出，使土壤黏结固化形成有相当抗压强度和抗渗能力的砌块。

2.固化土的性能

1）抗压强度

抗压强度是固化土标准试块在室内自然条件下 28 d 抗压强度。用 HY 固化剂和混合土或黏土拌和，不同固化剂掺入量下测试抗压强度指标为 7.12~12.17 MPa。

2）渗透系数

渗透系数现场用同心环法测试，在室内用南 55 型渗透仪测试。用 HY 固化剂渗入制作的预制固化板测试 28 d 龄期达到渗透系数。

3）抗冻性能

抗冻性能要通过冻融循环试验测试。冻融循环试验是固化土标准试块在非饱和状态下在室内自然条件养护后，经 16 次非饱和状态冻融循环后区分不同土料配合比的抗压强度为 9.0~11.3 MPa。28 d 龄期在 ±20 ℃ 环境下，经 14 次冻融循环强度损失率 20%。

4）干湿循环

干湿循环试验是固化土标准试块在室内自然条件下养护 28 d，并经 16 次干湿循环后的抗压强度及其变化，区分不同土料配合比的抗压强度为 3.50~11.90 MPa。28 d 龄期经 50 次干湿循环，强度损失率 2.74%~4.6%。通过对固化土试件试验，结果相当于 C10 混凝土。

3.固化土施工方法及技术要求

1）土料、土壤固化剂的选取及拌和

就近选用土料，分析确定其性质。对土料进行晾晒，使其含水率低于 10%。用粉碎机将土料粉碎并过筛，筛网孔径 30 mm 以下。

根据土料的性质，设计选取固化剂的型号和配合比。

固化剂与土料拌和：将粉碎好的土料和固化剂按设计的配合比用搅拌机进行拌和，观察拌和料的颜色，如果拌和料颜色一致，说明拌和均匀；否则，需要继续拌和。

固化土料与水拌和（湿拌）：土料和固化剂干拌均匀后即可加水进行湿

拌,要根据土料的类型和含水情况严格控制水的加入量,预制前拌和料的含水率一般为 13%~15%。其中黏土拌和料的含水率一般控制在 17%~20%,土壤拌和料的含水率一般控制在 14%~18%,砂、土拌和料的含水率一般控制在 13%~15%。在预制厂用混凝土成型机压实,拌和料的含水率要取低值。在压制前要测试拌和料的含水率。

2)固化土铺料与压实

(1)预制板的铺料与压实。将搅拌均匀的固化土拌和料均匀地铺撒到预制板模具内,放在预制砌块成型柜上压制。压实是固化土预制板强度能否达到设计强度要求的关键环节,压实后固化土预制板的密实度必须达到 95% 以上,干密度大于 1.75 g/cm³。用成型机压制固化土预制板,拌和料送往模具后,须压制两遍,机械压力不小于 150 t。压制两遍后即可脱模,脱模后,预制板要立放,间距 1~2 cm,搬运放置时应轻拿轻放。

(2)保护层的铺料与压实。将湿拌均匀的固化土拌和料均匀地铺撒到已清好的地基表面,铺撒厚度 8~10 cm。用人工或平地机将表面摊平整,用石碾或小型压实机将铺好的拌和料均匀压实,碾压须 3 遍以上,压实干密度不得小于 1.6 g/cm³。成型后的固化土预制构件及现浇砌体要及时进行养护。养护预制构件强度达到设计强度的 70% 时方可拉运,砌筑时板下用 3 cm 后的固化泥做过渡层。其他工序与混凝土预制块方法相同。

4.工程投资分析

与混凝土相比,预制固化板是预制混凝土板造价的 65.1% 左右,即可节约 34.9%。由此可见,用固化剂衬砌渠道是渠道防渗工程中的一项新技术,将固化剂加工成预制板衬砌渠道可就地取材,节省了大量砂石料,大幅度降低衬砌面板的制作成本。

4.3.2.2 膨润土防水毯

1.膨润土防水毯原理及技术指标

膨润土防水毯是一种新型的土工合成材料。膨润土防水毯是将级配后的膨润土颗粒均匀混合后,经特殊的针刺工艺及设备,把高膨胀性的膨润土颗粒均匀牢固地固定在两层土工布之间,制成柔性膨润土防水毯材料,其既具有土工材料的固有特性,又具有优异的防水防渗性能。膨润土防水毯靠膨润土层防渗,膨润土中黏粒成分主要由亲水性矿物组成,其具有显著的吸水膨胀和失水收缩两种变形特征。膨润土的矿物成分主要是次生黏土矿物蒙特土和伊利土,蒙特土矿物晶格极不稳定,亲水性强,浸湿后强烈膨胀,伊利土亲水性也较强。膨润土是黏土颗粒含量高、吸水膨胀失水收缩的一种特殊土。膨润土的防渗性能与土的矿物成分和含量、土的颗粒大小和含量、水离子成分和含量、土层密度等有关。膨润土上、下以土工织物层作为防护材料,防水毯能在拉伸、局部下陷、干湿循环和冻融循环等情况下,保持极低的透水性,同时还具有施工简易、成本低、节省工期等优点。

2.膨润土防水毯性能

膨润土属蒙脱石矿物质,粒径微小,是一种遇水膨胀失水收缩的物质,自由膨胀率为80%~360%。遇水膨胀后渗透系数很小,可作为一种廉价的防渗材料用于渠道的防渗。

3.施工工艺

膨润土防水毯施工工艺包括渠道整形、裁毯、铺毯、搭接处理、压毯及护面处理等。具体施工步骤及要求如下。

1)渠道整形

将渠道按设计断面整形,夯实渠道边坡及渠底基土,使其干密度达到 1.5 g/cm³。人工修整至渠道边坡及渠底光滑平直。

2)裁毯

将膨润土防水毯卷材展开,按渠道设计断面所要求的宽度确定裁剪方向,以损耗量小为目的,裁剪前要沿裁剪线洒水,使裁剪线附近的膨润土充分膨胀,避免裁剪后膨润土脱落。

3)铺毯

较高级别渠道(如分干渠以上)宜垂直水流方向逆向铺设,较低级别渠道宜顺水流方向逆向铺设。防水毯要与渠床基土贴实,避免褶皱和空隙。

4)搭接处理

防水毯之间采用叠层搭接的方式,搭接宽度不小于 25 cm,叠层间撒铺 10 cm 宽的搭接粉(散装膨润土)止水,搭接粉的用量以均匀覆盖下层防水毯为宜。若施工时风力较大,可将搭接粉与水拌和成糊状,抹在下层防水毯上,以免搭接粉被风刮走。

5)压毯

全断面铺设膨润土防水毯的衬砌渠道,在两侧堤顶要开挖三角沟槽,深度要大于 40 cm,顶角要大于 90°,将防水毯铺在三角沟槽内,回填土并夯实。

6)护面处理

防水毯的表面为无纺布,在光照的作用下会迅速老化,因此在防水毯表面必须进行防护处理。据试验成果,在防水毯表面抹 1 cm 厚的固化泥防护效果较好。若素土保护层埋深不小于 10 cm,渠底不小于 50 cm,也可用混凝土板封顶保护。

4.膨润土防水毯衬砌渠道防渗及防冻胀效果

（1）膨润土防水毯防渗效果好。与采用未衬砌渠道相比，采用膨润土防水毯衬砌渠道可减少渗漏损失47.3%。

（2）防冻胀抗变形能力强。与未衬砌渠道相比，铺设膨润土防水毯衬砌渠道最大冻胀量没有减少，但是冻土融通后渠坡没有明显的残余变形量，复位很好，说明膨润土防水毯适应由于冻胀引起的复位能力很强。

（3）为使膨润土防水毯更好地适应冻胀变形，衬砌渠道断面宜采用梯形断面、弧形坡脚的形式。

（4）膨润土防水毯需设保护层，不允许暴露在表面。刷水泥砂浆保护层与防水毯黏结较好，且柔性较好，可适应变形，是一种较好的护面形式；刷固化泥浆保护层柔性较好，可适应变形，但与防水毯黏结较差，其耐久性不及水泥砂浆护面；覆土保护方案的上覆素土稳定性较差，行水期边坡覆土塌滑严重，渠道断面变形，且该方案施工难度较大，施工质量难以保证。

4.3.3　田间衬砌渠道防渗效果监测与评价

4.3.3.1　概述

衬砌前现状渠道利用系数的测定。对未衬砌的斗渠、农渠、毛渠3级进行利用系数的测定，测试方法采用静水试验的方法，斗渠、农渠、毛渠分别测多个渠段、多水位的静水试验，彻底搞清田间渠道的输水效率。

衬砌后渠道利用率的测定。其测试位置、数量与衬砌前相对应，方法相同，分析衬砌前后的节水效果。

4.3.3.2　灌水方式及设计流量

依据《节水灌溉技术规范》（SL 207—1998），斗渠、农渠采用轮灌和续灌相结合的灌溉制度，并且考虑渠道现状灌溉流量，根据调整后的灌水率图，以秋浇灌水率值1.93 m³/（s·万亩）为设计灌水率，由每条渠道的灌溉面积计算得到：斗渠流量为0.2~0.4 m³/s，农渠流量为0.1 m³/s左右。

4.3.3.3　渠道渗漏损失试验监测原理及方法

为了准确地测定示范区内渠道衬砌前后各级渠道的渗漏损失量，选择典型渠道采用静水试验的方法分两次对示范区内斗渠、农渠及毛渠（只测试未衬砌）3级渠道进行衬砌前后渠道渗漏强度的测试。静水渗漏试验按照《渠道防渗衬砌工程技术标准》（GB/T 50600—2020）进行。按照标准要求，各级渠道试验段长度为 30 m,平衡区 5 m,测验采用恒水法,测验时间以渠道渗漏到达稳渗为止。由单位时间在单位面积上的渗漏量来推算每千米或全程的渗漏量,从而可推算该渠道的利用系数。

根据《渠道防渗衬砌工程技术标准》(GB/T 50600—2020)的要求,试验段选择在渠道顺直、断面规则的渠段。农渠试验段选择在公安斗渠的右一农渠引水口下 30 m 处。未衬砌渠道渗漏试验从开始试验至结束,历时 50 h。衬砌渠道斗渠试验段与未衬砌渠段相同,渠道衬砌形式为全断面聚乙烯膜料防渗,农渠试验段选择在公安斗渠的右四农渠及左五农渠的引水口下 10 m 处,衬砌分别为膨润土防水毯衬砌及现浇整体 U 形混凝土衬砌。衬砌渠道渗漏试验从开始至结束,历时 70 h。

4.3.3.4 田间渠道渗漏损失量与防渗效果

1.未衬砌渠道渗漏强度测试成果

由未衬砌的土渠段静水渗漏试验可见,斗渠、农渠、毛渠 3 级渠道在恒水位时达到稳渗的时间和渗漏强度相差均比较大。

斗渠、农渠、毛渠 3 级渠道渗漏达到稳定的时间分别为 5.15 h、3.08 h、4.6 h。斗渠从初渗到稳渗的时间为 5.15 h,初渗强度为 31.0 $L/(m^2 \cdot h)$,达到稳渗时渗漏强度为 10.0 $L/(m^2 \cdot h)$,从初渗到稳渗平均渗漏强度为 15.5 $L/(m^2 \cdot h)$。农渠从初渗到稳渗的时间为 3.08 h,初渗强度为 78.9 $L/(m^2 \cdot h)$,达到稳渗时渗漏强度为 14.6 $L/(m^2 \cdot h)$,从初渗到稳渗平均渗漏强度为 40.4 $L/(m^2 \cdot h)$。毛渠从初渗到稳渗的时间为 2.73 h,初渗强度为 333.0 $L/(m^2 \cdot h)$,达到稳渗时渗漏强度为 30.7 $L/(m^2 \cdot h)$,从初渗到稳渗平均渗漏强度为 138.48 $L/(m^2 \cdot h)$。

根据动水位测得稳渗强度。测试结果表明,稳渗强度较初渗时小得多,其 3 级渠道的稳渗强度平均分别为 6.9 $L/(m^2 \cdot h)$、9.9 $L/(m^2 \cdot h)$、13.6 $L/(m^2 \cdot h)$。

斗渠、农渠、毛渠 3 级渠道级别越低,渠道渗漏强度越大,而且初渗强度比稳渗强度的差异性更大。

斗渠、农渠、毛渠 3 级渠道渗漏强度拟合曲线均呈幂函数形式,其中斗渠渗漏强度为 2.73~31.00 $L/(m^2 \cdot h)$,农渠渗漏强度为 3.70~78.90 $L/(m^2 \cdot h)$,毛渠渗漏强度为 8.61~333.00 $L/(m^2 \cdot h)$,由此可见,斗渠、农渠、毛渠 3 级渠道随着渠道级别的降低,其渗漏强度逐渐增大。

2.衬砌渠道渗漏强度测试成果

由衬砌渠道静水渗漏试验结果分析可知:斗渠、农渠 2 级衬砌渠道达到稳渗的时间分别为 11 h、6~9 h。斗渠从初渗到稳渗的时间为 11.28 h,初渗强度为 17.18 L/（m²·h），达到稳渗时渗漏强度为 5.56 L/（m²·h），从初渗到稳渗平均渗漏强度为 11.46 L/（m²·h）。农渠由于衬砌材料不同，其初渗到稳渗时间及强度均不同，初渗到稳渗时间为 6.47~9.92 h。左四农渠（现浇）从初渗到稳渗的时间为 9.92 h，初渗强度为 14.48 L/（m²·h），达到稳渗时渗漏强度为 5.01 L/（m²·h），从初渗到稳渗平均渗漏强度为 8.36 L/（m²·h）。右四农渠（膨润土防水毯）从初渗到稳渗的时间为 6.47 h，初渗强度为 30.55 L/（m²·h），达到稳渗时渗漏强度为 12.12 L/（m²·h），从初渗到稳渗平均渗漏强度为 18.58 L/（m²·h）。

与膨润土防水毯衬砌渠道相比，现浇整体 U 形渠道从初渗到稳渗的时间较长，而渗漏强度较膨润土防水毯衬砌渠道渗漏强度小。两种材料衬砌渠道渗漏强度拟合曲线呈幂函数形式，其中现浇 U 形渠道渗漏强度为 14.48~4.58 L/（m²·h），膨润土防水毯材料渠道渗漏强度为 30.56~8.09 L/（m²·h）。由此可见，现浇形式渠道渗漏强度较膨润土防水毯渠道渗漏强度小，其渗漏强度平均小 47.27%。

3.田间渠道衬砌前后渗漏强度比较

斗渠土渠道和衬砌后渠道到达稳定的时间分别为 5.15 h 和 11.28 h。左四农渠（现浇）土渠道与衬砌后渠道达到稳定的时间分别为 3.08 h 和 9.92 h。由此可见，渠道衬砌后稳渗的时间也相对延长，达到稳渗后渗漏强度较衬砌前减小，在恒水位时，斗渠衬砌前平均渗漏强度为 8.2 L/（m²·h），衬砌后平均渗漏强度为 4.0 L/（m²·h）。农渠衬砌前平均渗漏强度为 12.9 L/（m²·h），衬砌后平均渗漏强度为 5.92 L/（m²·h）。

4.4　灌区渠系信息化技术

4.4.1　渠灌区信息化技术系统组成

信息化技术研发目标是通过研究和试验，采用最优的产品组合，自行开发关键采集设备和核心控制软件，实现流量、地温、土壤墒情、地下水位、气象资料的自动采集和传输，并由 WEB 发布相关应用信息，为灌溉运行管理、农业结构调整、组织防旱抗旱行动、开展节水社会化服务提供科学依据。

信息化系统实质是利用计算机技术、电子技术、自动化信息采集技术等多种学科作为工具，服务于农田水利的信息化建设需要。在整个系统建设的过程中，从底层的信息采集、采集仪表的研发、通信网络的组成到数据库的开发和决策查询系统的开发,始终以计算机技术为技术支撑,电子技术和自动化信息采集技术作为开发手段,顺利地完成了各系统的建设。

整个系统由以下三部分搭建而成:

(1)数据采集传输部分。包括传感器部分、采集仪表和人机交互界面(Wince 嵌入式操作系统)。底层分为水情信息采集、土壤墒情信息采集和渠道防渗衬砌地温信息采集、农田气象信息采集、地下水位信息采集,在采集模式和通信传输上,因地理分布和采集数量不同,各系统结构和采集、通信方式都有自身的特点。

(2)数据服务中心。包括 GPRS 服务器,上位机数据采集、通信控制核心软件,数据库服务器等。

(3)WEB 查询发布系统。包括 WEB 服务器和各系统信息查询系统。

4.4.2　技术路线

在系统中,数据的采集、显示、传输、处理、存储和发布是整个系统的关键问题,一切工程建设和技术研究开发都是为实现数据的这几个动作开展的,以数据流向作为整个系统建设的主线。

4.4.3　各部分的实现过程

采集设备基本都安装在渠道田间这类高湿度的野外环境中,所以在选择底层传感器的时候,要考虑到设备的工作温度、防水防爆等级、供电电压要求、设备功耗等一系列因素,对于设备工作参数的要求是极其苛刻的。

4.4.3.1　农渠流量监测系统

在水情信息采集中,现场 RTU 采集仪表利用 AT89S52 作为核心处理芯片,设计了多路开关量输入与输出、多路模拟量输入、在线编程接口、RS485 通信接口,通过采集底层超声波水位传感器和激光闸位计输出的模拟信号,实现闸前闸后的水位采集和闸门开度采集,激光闸位计的激光头不能长时间开启,为了避免烧坏设备,采集仪表中设计了传感器电源控制电路,大大地增加了设备的使用寿命。

该试验渠道符合堰闸测流标准,根据闸前、闸后水位和闸门开度即可求出过闸流量,该计算过程由上位机完成。

4.4.3.2　渠道地温监测系统

渠道地温监测系统用于渠道衬砌工程渠道冻深线监测。北方地区进入冬季后,渠道堤岸会出现不同深度的冻土,以河套灌区为例,进入冬季后冻土达1~1.2 m。由于渠道堤岸含水量较大,冻土根据含水率的不同而出现不同的冻胀量,产生不同方向的应力破坏,对水工建筑物与渠道衬砌工程产生严重破坏。针对这种情况,输水渠道衬砌工程会采取保温措施,即铺设大量的泡沫保温材料。但是渠的走向、阳坡和阴坡、堤岸的宽度等因素都决定冻土的深度,必须制定科学合理且经济的保温措施才能满足工程设计需求。为了得到不同衬砌方式和不同厚度的保温层下冻深线的变化情况,温度传感器要垂直埋于堤岸10~100 cm不同深度,均匀分布。渠道堤岸土壤含水率较大,甚至会出现流沙等极端条件,所以在传感器的选型中对传感器的防水防爆等级和线缆都有要求。

1.DS18B20 数字温度计使用

DS18B20 数字温度计是 DALLAS 公司生产的单总线器件,体积小,线路简单,DS18B20 产品具有以下特点:

(1)只要求一个端口即可实现通信。

(2)每个 DS18B20 的器件上都有单独的序列号。

(3)实际应用中不需要任何外部元器件即可实现测温。

(4)测量温度范围为−55~125 ℃。

(5)数字温度计的分辨率用户可以从9~12位选择。

(6)内部有温度上下限告警设置。

2.DS18B20 的使用方法

由于 DS18B20 采用的是 1-Wire 总线协议方式,即在一根数据线实现数据的双向传输,而对 AT89S51 单片机来说,硬件上并不支持单总线协议,因此必须采用软件的方法来模拟单总线的协议时序来完成对 DS18B20 芯片的访问。

由于 DS18B20 是在一根 I/O 线上读写数据,因此对读写的数据位有着严格的时序要求。DS18B20 有严格的通信协议来保证各位数据传输的正确性和完整性。该协议定义了几种信号的时序:初始化时序、读时序、写时序。所有时序都是将主机作为主设备,单总线器件作为从设备。而每一次命令和数据的传输都是从主机主动启动写时序开始的,如果要求单总线器件回送数据,在进行写命令后,主机需启动读时序完成数据接收,数据和命令的传输都是低位在先。

对于 DS18B20 的读时序分为读 0 时序和读 1 时序两个过程。对于 DS18B20 的读时序是从主机把单总线拉低之后,在 15 s 之内就得释放单总线,以让 DS18B20 把数据传输到单总线上。

针对渠道地温监测系统监测点集中量多的特点,结合 DS18B20 传感器的优点,研发了可以采集16路数字量的TH-16R11信号巡检仪,该仪表支持16路数字信号和1路模拟量信号(用于采集地下水位)输入,面板有液晶屏现场实时显示仪表工作状态和各物理量的数值。

4.4.3.3 土壤墒情自动监测系统

土壤墒情监测是一项实时监测与长期分析结合的工作,必须通过实时数据采集和历史数据积累,才能将简单的信息转化为重要的决策信息,从而为大型灌区的工农业生产服务。

土壤水分采集设备选用时域反射仪(TDR),该仪器是利用土壤中的水和其他介质介电常数之间的差异及时域反射测试技术进行测量。TDR探测器采用美国AUTOMATA公司的水分采集探测器,外观呈圆柱体(杆式),截面直径3 cm,高度为70 cm。杆体48 cm段内为感应部分,若将探测器整体垂直埋入土壤中,可以测得该垂线的平均体积含水率,若水平埋入,则测得该水平层的平均体积含水率。这种探测器较探针式等其他探测设备的采集空间范围大、精度高。

采集主机IA-12GC是该系统的主要设备,它负责将各种模拟信号、数字信号进行采集,并将这些信号变成数字量在仪表面板进行显示。收到数据中心发来的巡检指令后,立即将实时采集值打包发送至通信模块,由通信模块负责将数据送达数据中心进行处理。该装置由单片机、AD转换芯片、实时时钟、液晶显示屏等组成。该装置完全自主开发,包括整机物理结构设计、印刷线路板设计、源程序开发、数据格式定义、通信协议定义等。印刷线路板采用PROTEL软件开发,源程序采用C语言开发。

针对墒情采集点多位于无人值守和无供电条件的情况,整套系统采用太阳能供电,采集主机具有电源控制系统,有效地降低设备功耗,延长系统工作时间。

4.4.3.4 地下水位监测系统

地下水位有多种应用,例如农田地下水位采集和渠道侧渗地下水位采集。在该系统中,考虑到地下水的水质与地下井的构造,使用投入式水深传感器作为底层传感器,采集主机仪表使用单片机作为处理器单独开发,支持8路模拟信号输入,支持传感器电源控制和远程唤醒等功能,实现了系统的低功耗运行,小功率太阳能供电完全满足系统能耗需要。

4.4.3.5 农田气象监测系统

该系统采集气象要素有大气压力、光照强度、温度、湿度、风速、风向和雨量7种,使用太阳能供电,数据由GPRS信号上传至总局数据服务器发布存储。

第5章 高效节水灌溉试验研究

5.1 主要作物优化高效灌溉制度试验研究

以下以玉米膜下滴灌优化灌溉为例,进行主要作物优化高效灌溉研究。

5.1.1 试验设计

在 2020 年布置试验时,试验示范区内已种植玉米,因此在已种植的玉米地内设置了 3 个灌水处理小区,即管灌区(平地)、滴灌区 1(平地)、滴灌区 2(坡地)。每种处理设置 3 个重复,每个重复小区的面积为 90 m^2,各处理之间设 3 m 隔离保护区,用水表控制和监测灌水量。

试验期前两年(2021 年、2022 年)的灌水试验布置采用相同设计,即采用田间对比试验设计,均设计 4 个灌水处理。播种后 4 个处理的灌水定额均为 12 m^3/亩,此后灌溉的灌水定额,处理 1(GGDE1)为 12 m^3/亩,处理 2(GGDE2)为 16 m^3/亩,处理 3(GGDE3)为 20 m^3/亩,处理 4(GGDE4)为 24 m^3/亩,如表 5-1 所示。每个处理的灌水日期根据灌水定额为 16 m^3/亩试验处理的适宜含水率下限计算确定。灌水次数根据玉米的生长发育阶段、土壤墒情、适时降雨量等情况实际确定,灌水量采用水表计量。

表 5-1 试验灌水处理的灌水定额　　　　　　单位:m^3/亩

生育时期	播种后	苗期	抽穗期	灌浆期	成熟期
GGDE1	12	12	12	12	12
GGDE2	12	16	16	16	16
GGDE3	12	20	20	20	20
GGDE4	12	24	24	24	24

第三年(2023)采用田间示范试验,设计 2 个灌水处理,灌水定额 GGDE1 为 16 m^3/亩,GGDE2 为 20 m^3/亩。每个处理的灌水日期根据灌水定额为 16 m^3/亩试验处理的适宜含水率下限计算确定,如表 5-2 所示。灌水次数根据玉米的生

长发育阶段、土壤墒情、适时降雨量等情况实际确定,灌水量采用水表计量。

表 5-2　适宜含水率下限设计值(以 16 m³/亩的处理进行控制)

生育时期	播种后	苗期	抽穗期	灌浆期	成熟期
适宜含水率下限(占田间持水量)/%	65	60~65	65~70	70	65

5.1.2　试验成果

5.1.2.1　各年实测的灌水时间、灌水量和产量

2020 年试验地玉米各处理灌水量如表 5-3 所示。各处理在玉米播种前/后、拔节期、抽穗期和灌浆期分别灌水一次,其中管灌区(平地)玉米各生育期的灌水定额分别为 50 m³/亩、40 m³/亩、40 m³/亩和 40 m³/亩,灌溉定额为 170 m³/亩。滴灌区 1(平地)和滴灌区 2(坡地)各生育期的灌水定额相同,灌水定额分别为 20 m³/亩、20 m³/亩、25 m³/亩和 25 m³/亩,灌溉定额均为 90 m³/亩。

表 5-3　2020 年试验地玉米各处理灌水量　　单位:m³/亩

处理方式	生育阶段灌水定额					灌溉定额
	播种前	播种后	拔节期	抽穗期	灌浆期	
管灌区(平地)	50	—	40	40	40	170
滴灌区 1(平地)	—	20	20	25	25	90
滴灌区 2(坡地)	—	20	20	25	25	90

2021 年试验地玉米各处理灌水时间及灌水量如表 5-4 所示。玉米拔节期—抽穗期试验示范区的降雨量比较丰沛,拔节期—抽穗期只进行了一次灌水;受 9 月中旬降雨的影响,在玉米乳熟期—收获期也没有实施灌水。

表 5-4　2021 年试验地玉米各处理灌水时间及灌水量　　单位:m³/亩

处理方式	生育阶段灌水定额					灌溉定额
	播种后	苗期	抽穗期	灌浆期	成熟期	
GGDE1	12	12	12	12	12	60
GGDE2	12	16	16	16	16	76
GGDE3	12	20	20	20	20	92
GGDE4	12	24	24	24	24	108

2022 年试验地玉米各处理灌水时间及灌水量如表 5-5 所示。试验前期降雨量较多,后期降雨量较少,因此在 7 月以前只对试验田灌溉 1 次,而 7 月、8 月两个月降雨量只有 82 mm,这期间试验田共灌水 5 次,9 月试验田降水量比较稀少,为了满足玉米植株的正常生长,灌水 1 次。

表 5-5 　2022 年试验地玉米各处理灌水时间及灌水量　　单位:m³/亩

处理方式	生育阶段灌水定额							灌溉定额
	播种后	苗期	抽穗期	抽穗期	灌浆期	灌浆期	成熟期	
	5 月 1 日	7 月 14 日	7 月 24 日	8 月 1 日	8 月 21 日	8 月 30 日	9 月 15 日	
GGDE1	12	12	12	12	12	12	12	84
GGDE2	12	16	16	16	16	16	16	108
GGDE3	12	20	20	20	20	20	20	132
GGDE4	12	24	24	24	24	24	24	156

5.1.2.2　覆膜滴灌玉米不同生育期需水规律

覆膜滴灌玉米不同生育期需水量与耗水强度如表 5-6 所示,不同生育期需水量过程线如图 5-1 所示。

表 5-6　覆膜滴灌玉米不同生育期需水量与耗水强度

项目	玉米不同生育期					合计/平均
	苗期	拔节期	抽穗期	灌浆期	成熟期	
	5 月 1 日至 6 月 10 日	6 月 11 — 30 日	7 月 1 — 31 日	8 月 1 — 20 日	8 月 21 至 10 月 2 日	
需水量/ (m³/亩)	51.62	53.24	59.95	69.81	59.62	294.24
耗水强度/ (mm/d)	2.09	3.99	2.9	5.24	2.03	3.25

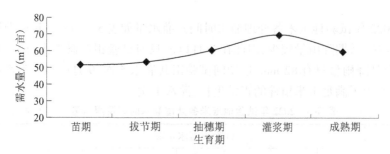

图 5-1 不同生育期需水量过程线

5.1.2.3 玉米不同灌水条件下试验测产成果

2020—2022 年玉米不同灌水条件下试验测产成果如表 5-7～表 5-9 所示。

表 5-7 2020 年玉米不同灌水条件下试验测产成果

处理方式	灌溉定额/ （m³/亩）	穗长/ cm	穗粒重/ g	百粒重/ g	产量/ （kg/亩）	增产量/ （kg/亩）	增产效果/ %
管灌区 （平地）	170.00	17.55	172.63	35.05	686.55	—	—
滴灌区 1 （平地）	90.00	16.90	193.07	36.10	840.04	153.49	22.36
滴灌区 2 （坡地）	90.00	15.57	168.01	39.85	682.99	−3.56	−0.52
平均	116.67	16.67	177.90	37.00	736.53	74.96	10.92

表 5-8 2021 年玉米不同灌水条件下试验测产成果

处理方式	灌溉定额/ （m³/亩）	穗长/ cm	穗粒重/ g	百粒重/ g	产量/ （kg/亩）	增产量/ （kg/亩）	增产效果/ %
GGDE1	60	15.89	138.83	35.10	611.73	—	—
GGDE2	76	16.46	170.21	35.03	735.61	123.88	20.25
GGDE3	92	16.21	171.39	36.01	811.77	200.04	32.70
GGDE4	108	16.57	178.61	37.92	838.33	226.60	37.04
平均	84	16.28	164.76	36.02	749.36	183.51	30.00

表 5-9 2022 年玉米不同灌水条件下试验测产成果

处理方式	灌溉定额/（m³/亩）	穗长/cm	穗粒重/g	百粒重/g	产量/（kg/亩）	增产量/（kg/亩）	增产效果/%
GGDE1	84	16.15	149.09	33.88	784.47	—	—
GGDE2	108	16.26	159.96	34.13	808.44	23.97	3.06
GGDE3	132	16.60	170.02	34.70	891.75	107.28	13.68
GGDE4	156	17.87	192.75	35.60	899.30	114.83	14.64
平均	120	16.72	167.96	34.58	845.99	82.03	10.46

5.1.2.4 推荐的灌溉制度

试验年份推荐的灌溉制度如表 5-10 所示。

表 5-10 试验年份推荐的灌溉制度

年份	水文年型	灌水次数	灌水时间	灌水定额/（m³/亩）	灌溉定额/（m³/亩）
2021	平水年	5	5 月上旬、5 月中旬、7 月下旬、8 月上旬、8 月下旬	20（播种后取 12）	92
2022	平水年	7	5 月上旬、7 月中旬、7 月下旬、8 月上旬、8 月中旬、8 月下旬、9 月上旬	20（播种后取 12）	132

5.2 地埋式滴灌技术试验研究

5.2.1 玉米地埋式滴灌关键技术试验研究

5.2.1.1 研究方法

玉米地埋式滴灌关键技术试验研究为新增"四个千万亩"节水灌溉工程科技支撑项目重要研究内容之一，通过工程实际调查和田间小区试验，开展地埋式滴灌毛管布设间距、埋深及滴头流量等技术参数优选研究，地埋式滴灌对玉米生长发育、产量及水分利用效率研究。

1.试验处理

在地下滴灌试验选定试验小区连续两年试验。

试验为地埋式滴灌试验,即滴头流量、滴灌带间距、滴灌带埋深和滴灌带长度。滴头流量为1.38 L/h、2.0 L/h和3.0 L/h;滴灌带间距为80 cm、100 cm和120 cm;滴灌带埋深为30 cm、35 cm和40 cm;滴灌带长度为68 m和100 m。采用正交试验布置,共5个试验处理,每个试验处理设置3个重复,共15个试验小区,每个小区的面积为544 m²。地埋式滴灌小区试验田间设计如表5-11所示。

表5-11　地埋式滴灌小区试验田间设计

序号	滴头流量/(L/h)	滴灌带间距/m	滴灌带埋深/m	滴灌带长度/m	重复次数	小区面积/m²	拟定灌水定额/(m³/亩)
I	3.0	1.0	0.35	68	1	544	25
					2	544	
					3	544	
II	2.0	1.0	0.35	68	1	544	25
					2	544	
					3	544	
III	1.38	1.0	0.35	68	1	544	25
					2	544	
					3	544	
IV	1.38	0.8	0.35	100	1	800	30
		1.0	0.35	100	2	800	25
		1.2	0.35	100	3	800	20
V	1.38	1.0	0.35	68	1	544	25
			0.40	68	2	544	
			0.30	68	3	544	

灌溉制度小区试验将玉米的生育期划分为播种期—定苗期、定苗期—拔节期、拔节期—抽穗期、抽穗期—乳熟期、乳熟期—收获期5个生育阶段,设多个灌水处理。各处理的灌水日期和灌水次数相同,灌水日期根据灌水定额为30 m³/亩试验处理的适宜含水率下限计算确定。每次的灌水量采用水表计量,每个试验处理设置3个重复,共计12个试验小区,每个试验小区长度为24.0 m、宽度为5.7 m。

2.小区布置

试验地所用水源为水源井供水,水源井出水量 50 m³/h,井深 100 m,静水位为 50 m,动水位为 60 m。第一年试验小区在Ⅳ区和Ⅲ区分别埋设 2 套土壤水分测定系统。第二年,地埋式滴灌试验小区的整体布置与第一年相同,埋设 TDR 测定管 15 套、土壤水分测定系统 2 套。第二年新增的地埋式滴灌灌溉制度小区布设了土壤水分测定系统 2 套和 TDR 测定管 12 套。

5.2.1.2 试验结果与分析

1.玉米灌水时间、灌水次数与灌水定额

(1)第一年灌水情况。第一年各试验处理在玉米播种后、拔节期、抽穗期和灌浆期分别灌水,灌水日期为 7 月 8 日、7 月 23 日、8 月 3 日、8 月 20 日,整个玉米生育期内共灌水 4 次。播种后各处理的灌水定额为 30 m³/亩。其他时期,除Ⅳ区的灌水定额分别为 20 m³/亩、25 m³/亩和 30 m³/亩外,其他处理均为 25 m³/亩。Ⅳ区的灌溉定额为 110 m³/亩、130 m³/亩和 150 m³/亩,其他均为 130 m³/亩。

(2)第二年灌水情况。第二年地埋式滴灌试验的灌水次数为 4 次,播种后各处理首次灌水定额均为 30 m³/亩,其他 3 次的灌水定额分别为 20 m³/亩、25 m³/亩、30 m³/亩。第二年灌溉制度试验灌水次数为 4 次,灌水定额分别为 25 m³/亩、30 m³/亩、35 m³/亩、40 m³/亩。

2.玉米耗水量与水分利用效率

(1)第一年玉米耗水量与水分利用效率。第一年地埋式滴灌试验小区Ⅲ区的玉米总耗水量为 416.6 mm,耗水强度为 3.69 mm/d。

第一年试验小区的土壤含水量只用自动水分测定仪测定了一个点(Ⅲ),因此计算耗水量时,各处理的土壤储水量变化均取该值,为-22.5 mm。Ⅰ区、Ⅱ区、Ⅲ区、Ⅴ区和Ⅳ区的间距为 1.0 m 处理的玉米生育期总耗水量为 461.6 mm,Ⅳ区间距为 0.8 m 处理的总耗水量为 491.59 mm,水分利用效率为 2.18 kg/m³,均大于其他处理。Ⅳ区间距为 1.2 m 处理的玉米总耗水量为 411.59 mm,水分生产率最小,为 1.42 kg/m³。

(2)第二年玉米耗水量。灌水定额为 40 m³/亩的试验小区玉米整个生育期的总耗水量为 494.71 mm,均高于其他试验小区的总耗水量,高于灌水定额为 25 m³/亩的试验小区总耗水量 23.87%,高于灌水定额为 30 m³/亩的试验小区总耗水量 20.02%,高于灌水定额为 35 m³/亩的试验小区总耗水量 9.35%;其中灌水定额为 25 m³/亩的试验小区整个生育期的总耗水量最低,为 399.39 mm。

5.2.1.3 推荐灌溉制度

第一年地埋式滴灌试验的滴头流量分别为 3 L/h、2 L/h 和 1.38 L/h,产量分别为 829 kg/亩、831 kg/亩和 848 kg/亩,差异较小,说明滴头流量对玉米产量影响较小。

滴灌带埋设深度为 0.3 m 和 0.35 m 的产量相近,为了不妨碍耕作,玉米地埋式滴灌带推荐埋设深度为 0.35 m。

第一年地埋式滴灌试验的滴灌带埋设间距为 0.8 m 时,玉米产量最高,比间距为 1.2 m 的试验小区提高 83.6%。

地埋式滴灌的滴头附近含水量最高,向周围逐渐降低。对于均质的壤土,含水率在滴头周围对称分布,湿润体近似圆柱。第二年地埋式滴灌灌溉制度试验表明,单次灌水定额为 35 m³/亩的试验小区,灌水后的湿润锋基本可以达到地表。

根据试验结果,再结合当地的调研结果,可推荐的玉米地埋式滴灌灌溉制度为:一般年灌水 3~4 次,灌溉定额 120~157.5 mm(80~105 m³/亩),干旱年灌水 5~6 次,灌溉定额 195~232.5 mm(130~155 m³/亩)。

5.2.2 紫花苜蓿地埋式滴灌关键技术试验研究

5.2.2.1 灌溉制度试验设计

试验区根据当地人工牧草种植情况,选择紫花苜蓿为主要研究对象,其生育阶段划分为苗(返青)期、分枝期、现蕾期、开花期。初花期刈割,紫花苜蓿在刈割后进入下一生长周期。

采用田间对比试验法设计,紫花苜蓿地埋滴灌灌溉制度试验采用 2 因子 3 水平正交组合设计,设滴灌带埋设深度和灌水水平 2 个因子;设 3 种埋设深度,滴灌带埋深分别为 10 cm、20 cm 和 30 cm;设 3 个灌水水平,灌水定额分别为 15.0 mm(10 m³/亩)、22.5 mm(15 m³/亩)和 30.0 mm(20 m³/亩)。试验共计 9 个试验处理,每个处理 3 次重复,共计 27 个试验小区,每个小区的长度均为 20 m,宽度为 5 m,每个小区面积为 100 m²。采用贴片式滴灌带,滴灌带壁厚为 0.4 mm,流量为 2.00 L/h,滴头间距为 0.3 m;每条滴灌带控制 2 行紫花苜蓿,滴灌带间距 60 cm。每个处理的灌水日期和灌水次数相同,灌水日期根据处理 5(灌水定额 22.5 mm、滴灌带埋深 20 cm)适宜含水率下限计算确定。

5.2.2.2 灌溉材料试验设计

紫花苜蓿地埋式滴灌材料试验设 3 个试验处理,每个试验处理 3 次重复;3 个试验处理分别采用迷宫式滴灌带、贴片式滴灌带和压力补偿式滴灌带(贴片式)。其中,迷宫式滴灌带的壁厚为 0.2 mm,流量为 3.0 L/h,滴头间距为 0.3 m;其他两种滴灌带的壁厚均为 0.4 mm,流量均为 2.0 L/h,滴头间距均为 0.3 m;每条滴灌带控制 2 行紫花苜蓿,滴灌带间距 60 cm;滴灌带的埋深均为 20 cm,灌溉定额均为 22.5 mm(15 m³/亩)。每个处理的灌水日期和灌水次数相同,灌水日期根据处理Ⅱ(贴片式滴灌带)适宜含水率下限计算确定。

5.2.2.3 试验观测内容

试验观测内容包括气象数据、作物生长生育指标、土壤指标、灌水情况、地下水位和田间管理等。

1.气象数据

采用 HOBOU30 型农田气象站,监测的气象数据包括温度、降雨量、风速、相对湿度、气压、风向等。

2.作物生长生育指标

作物生长生育指标主要指生长状况指标,具体内容及采集方法如下:

(1)株高、茎粗:每个生育期测定一次,分别用卷尺和卡尺测定。

(2)干物质和产量:整个生长期结束测定一次,采用样方测定法测定。

3.土壤指标

(1)田间持水量:采取田间和室内测定两种方法,并进行对比,播种前按 0~20 cm、20~40 cm、40~60 cm、60~80 cm、80~100 cm 分层进行测定。

(2)土壤容重:播种前在田间按 0~20 cm、20~40 cm、40~60 cm、60~80 cm、80~100 cm 分层进行测定。

(3)土壤含水量:采用烘干和仪器测定两种方法,烘干法使用土钻取土,烘箱烘干,仪器测定采用 HH2 型 TDR 土壤水分测定仪。从开始播种至收获结束每 10 d 测定一次,降雨前后加测。

4.灌水情况和地下水位

(1)灌水情况:记录各试验处理的灌水时间、灌水定额和灌溉定额等。

(2)地下水位:采用 HOBO 地下水位自动测定仪测定地下水位,设置采集时间间隔为 1 h,在试验区共设 3 处监测井。

5.田间管理

试验区为第 3 年紫花苜蓿,采用品种为草原 2 号,播种量为 1.2 kg/亩;条播,行距 0.5 m。为保证紫花苜蓿的营养价值和适口性,在初花期适时刈割收贮。苜蓿收割三茬,每年 4 月上旬开始返青,9 月底收割最后一茬。适时进行中耕除草、打药等,施肥情况主要是每次刈割后的第二次灌水时追肥。

5.2.2.4 试验观测结果

1.气象资料、土壤特性、田间持水率和地下水情况

(1)气象资料。试验区属于中温带温暖型干旱、半干旱大陆性气候,冬寒漫长,夏热短促,干旱少雨,风大沙多,蒸发强烈,日光充足。多年平均气温 7.9 ℃,1 月气温最低,为-9.6 ℃;7 月气温最高,为 22.7 ℃。日最高气温 30.8 ℃,日最低气温-24.1 ℃。多年平均年降水量为 258.4 mm,降水量年内分配很不均匀,年际变化较大。7—8 月降水量一般占年降水量的 30%~70%,6—9 月降水量一般占年降水量的 60%~90%。最大年降水量为 417.2 mm,最小年降水量为 118.8 mm,极值比 3.5。多年平均年蒸发量为 2 497.9 mm,最大年蒸发量为 2 910.5 mm,最小年蒸发量为 2 162.3 mm。4—9 月蒸发量一般占年蒸发量的 70%~80%,5—7 月蒸发量一般占年蒸发量的 40%~50%。常年盛行风向为南风,其次为西风和东风,多年平均风速 2.6 m/s。平均沙暴日数 16.9 d;相对湿度平均为 49.8%;年平均日照时数 2 500~3 200 h,平均为 2 958 h;无霜期平均 171 d,最大冻土层深度 1.54 m。

(2)土壤基本特性。通过进行土壤颗粒分析室内试验,确定了试验区土壤类型,对试验区的 1.0 m 深土壤分别进行了颗粒分析试验,试验区的土壤类型基本相同,0~100 cm 土层为沙土,土壤容重 1.62 g/cm³。

(3)田间持水率。开展了土壤田间持水量室内试验,利用环刀在试验区取原状土,进行了田间持水率室内测定,并与田间的测定结果进行了对比,确定了试验区 0~100 cm 土层的田间持水率为 22.86%。

(4)地下水埋深。采用 HOBO 地下水位自动测定仪(美国)测定试验区地下水位变化,紫花苜蓿试验区地下水埋深为 2.5~3.0 m。

2.灌水定额对紫花苜蓿生育指标的影响

对紫花苜蓿株高进行定期观测,每个处理均进行定株观测,采用其平均值绘制株高随时间的变化过程。

不同灌水定额下对株高的影响总体趋势是一致的,都是由快到慢的生长趋势,从返青期到现蕾期株高增长较快,从现蕾期到刈割期增长速率开始变缓,紫花苜蓿由营养生长转向生殖生长,此时同化物优先分配给生殖器官,用于株高和叶片的同化物自然减少,使其生长速率下降。各处理在整个生育期平均增长速率变化相对较小,主要因为从返青期到刈割期温度较低,不同的灌水定额对其增长速率影响较小,但对株高还是有一定的影响,随着灌水定额的增大,株高随之增大。

3.滴头流量对紫花苜蓿生育指标的影响

以滴灌带埋深20 cm、灌水定额22.5 mm试验处理为例。对紫花苜蓿株高进行定期观测,每个处理均进行定株观测,采用其平均值绘制株高随时间的变化过程。滴灌带流量是3 L/h的株高要大于滴灌带流量是2 L/h的株高,但高的不多,滴灌带流量3 L/h和2 L/h的株高分别是55 cm和52 cm,高5.8%。从节水的角度考虑,建议采用滴头流量为2 L/h的滴灌带。滴头流量对苜蓿第一、第三茬株高有相似的结果。

4.小结

通过试验监测分析数据和实践经验,给出紫花苜蓿地埋滴灌关键技术初步建议:

(1)采用贴片式滴灌带,壁厚不小于0.4 mm;

(2)滴头流量不大于2.0 L/h;

(3)滴灌带埋设深度10~20 cm;

(4)滴头间距0.3 m;

(5)滴灌带间距40~60 cm;

(6)滴灌带布设长度60~80 m;

(7)滴灌工作压力0.08~0.1 MP。

5.试验结果分析

根据第一年(降雨频率59.6%)和第二年灌溉制度试验成果,结合试验区30年降水资料频率分析,通过水量平衡反推出降雨频率分别为75.0%(干旱年)、50%(一般年)和25%(丰水年)各代表年份紫花苜蓿的灌溉需水量分别约为375 mm、300 mm和200 mm;考虑试验区的土壤特性、地埋滴灌的灌水要求、紫花苜蓿的生长特点以及越冬期所需土壤墒情,紫花苜蓿返青期灌水定额可取15 m³/亩,其他生育期灌水定额均为20 m³/亩。干旱年灌溉定额推荐值为200~220 m³/亩,全生育期灌水10~11次;一般年灌溉定额推荐值为160~180 m³/亩,全生育期灌水8~9次,丰水年灌溉定额推荐值为120~140 m³/亩,全生育期灌水6~7次;由于每年各月份降水均匀性的不可预测性,具体的灌水日期应根据土壤墒情进行确定。

5.3 主要作物水肥一体化技术试验研究

5.3.1 大豆膜下滴灌水肥一体化技术试验研究

5.3.1.1 试验设计

试验目的是针对滴灌大豆缺乏水肥一体化关键技术的科技需求,研究明确覆膜滴灌条件下随灌水进行推荐施肥的技术,提出不同地区节水灌溉模式下的水肥一体化实用技术规范,建立起一套集水利、农艺、农机、管理、政策于一体的集成技术体系,使示范区良种和测土施肥技术推广达到100%,水肥利用率均提高5百分点以上,增产15%以上。为推广应用水肥一体化技术提供技术支撑。

试验地点是根据膜下滴灌大豆需要,在大豆主产区和滴灌系统、施肥罐等灌溉施肥设备配套完善的条件下,选择在呼伦贝尔盟阿荣旗亚东镇六家子村滴灌大豆示范区(内蒙古自治区政府确定的水利、农业、农机联合示范基地)。

5.3.1.2 水肥一体化技术示范设计

水肥一体化示范目的是验证不同节水灌溉条件下随灌水进行施肥优化推荐技术措施,补充完善水肥一体化技术指标和操作规范,为不同地区节水灌溉模式提供水肥一体化高效实用技术模式。

示范是在采用当地优化的灌溉制度、先进的农业栽培措施与当地测土推荐施肥措施的基础上进行的,其中栽培耕作措施采用秋深耕和春深松,深松35 cm以上并浅耕15 cm以上,采用大小垄密植方式种植,播深3~5 cm,播量4~5 kg,保苗2.0万~2.2万株。播期按中晚熟品种的适宜播期,5月5—10日进行播种。播前用35%多福克种衣剂进行种子包衣。在播后苗前选用50%乙草胺乳油100 mL加75%宝收干悬浮剂药剂进行了封闭灭草,早春铲除地头、地边的杂草,生育期喷施了50%辛硫磷乳油、5%来福灵乳油、2.5%溴氰菊酯乳油等药剂防治各种病虫害。施肥措施按测土推荐施肥量分次施肥,施肥总量按N 3.5 kg/亩、P_2O_5 3.3 kg/亩、K_2O 1.8 kg/亩分3次施用,同时设计了传统施肥、测土推荐施肥的对比示范。主要观察测定了作物产量及产量构成因素,测定分析了肥料农学效率及经济效益等指标。

5.3.1.3 水肥一体化技术研究结果

灌溉制度一般采用生育期分4~6次灌水38~66 m³/亩,灌水定额6~12

m³/亩,播种到出苗期滴灌 1 次,分枝到开花期滴灌 1 次,开花到结荚期滴灌 1~2 次,鼓粒到灌浆期滴灌 1~2 次,随灌水施肥在大豆生育期共施肥 3 次,包括 1 次基肥或种肥加 2 次追肥,施肥量采用测土推荐施肥总量,施肥方式采用分基肥、分枝期追肥和开花期追肥的方式,施肥总量按高、中、低不同肥力地块施用 N 2.2~3.9 kg/亩、P₂O₅ 2.8~4.5 kg/亩、K₂O 2.3~3.3 kg/亩,施肥方式按基肥 40%,分枝期随灌水追肥 30%,开花期随灌水追肥 30%,基肥的肥料品种以粒肥为主,其中氮肥选用尿素或磷酸二铵,磷钾肥选用磷酸二铵、氯化钾或硫酸钾,追肥的肥料品种以速溶性肥和液体肥为主,其中氮肥选用尿素,磷肥选用工业磷酸或聚磷酸铵,钾肥选用硝酸钾或氯化钾。

5.3.2 玉米膜下滴灌水肥一体化技术试验研究

5.3.2.1 玉米水肥一体化田间试验

试验目的是针对滴灌玉米缺乏水肥一体化关键技术的科技需求,研究明确滴灌条件下随灌水进行推荐施肥的技术,提出不同地区节水灌溉模式下的水肥一体化实用技术规范,建立起一套集水利、农艺、农机、管理、政策于一体的集成技术体系,使示范区良种和测土施肥技术推广达到 100%,水肥利用率均提高 5 百分点以上,增产 15%以上,为推广应用水肥一体化技术提供技术支撑。

试验地点选择是根据膜下滴灌玉米需要在玉米主产区和滴灌系统、施肥罐等灌溉施肥设备配套完善的条件。试验是在采用当地优化的灌溉制度、先进的农业栽培措施与当地测土推荐施肥措施的基础上进行的,其中栽培耕作措施采用"一增四改"及水肥一体化和病虫草害预防等农艺措施,选用中晚熟品种,采用玉米覆膜双行气吸式精播机,按 80 cm 大垄和 40 cm 小垄的大小垄双行种植,播种后在床面均匀喷洒 50%乙草胺乳油 100~125 mL 除草剂进行封闭除草,播种期一般选用高于 17%的福克合剂进行种子包衣,生育期选用 20%氰戊菊酯乳油 1 500 倍液配合频振杀虫灯、赤眼蜂进行病虫害统防统治。

施肥措施按测土推荐施肥量分次施肥,第一年施肥量按照吨粮田的目标产量设计,施肥总量按 N 20.0 kg/亩、P₂O₅ 7.5 kg/亩、K₂O 8.5 kg/亩分次施用;次年开始施肥量按照 850 kg/亩的目标产量设计,施肥总量按 N 14.0 kg/亩、P₂O₅ 5 kg/亩、K₂O 4.5 kg/亩分次施用。主要观察测定了作物产量及产量构成因素,测定分析了作物营养吸收量、肥料利用率和农学效率等指标。

5.3.2.2 试验结果分析(前两年)

1.水肥一体化第一年试验结果分析

在采用玉米滴灌优化灌溉制度与测土推荐施肥量的基础上,配套随灌水分次施肥的水肥一体化技术具有显著增产、增效和节能的多重效应。综合增产率和不同肥料增产率均表现为随施肥次数的增加而增加。在施肥总量相同的条件下，以1次施肥为对照，把施肥总量按30%、40%、20%、10%的比例进行1次基肥、3次随灌水追肥的方式施用，增产效果显著，增产率为8.22%；把施肥总量按30%、40%、30%的比例进行1次基肥、2次随灌水追肥的方式施用，增产率为6.96%，增产效果也达到显著水平并与NPK无显著差异；把施肥总量按40%、60%的比例进行1次基肥、1次随灌水追肥的方式施用，增产率为3.34%，未达到显著水平；说明在相同施肥总量及灌溉定额的条件下，采用1次基肥、2~3次随灌水追肥的水肥一体化技术，具有显著的增产效果，增产率分别为6.96%和8.22%，增加玉米64.67~76.33 kg/亩，按当年市场价格估算，增加产值129.34~152.66元/亩。由于采用1次基肥、2次和3次随灌水追肥的单产差异不显著，按照省工省时的原则，应优选1次基肥、2次随灌水追肥的方式作为玉米滴灌的水肥一体化技术。

采用水肥一体化技术在提高单产的同时，还可以有效提高肥料利用率和农学效率，而且随着施肥次数的增加，肥料利用率和农学效率都呈增长趋势。其中采用1次基肥、2次随灌水追肥的水肥一体化技术，与对照NPK$_1$（1次施肥）比较，氮肥、磷肥和钾肥的利用分别提高了7.0百分点、0.3百分点、7.3百分点，并使氮肥、磷肥和钾肥的利用率分别突破了30%、15%和40%的区内先进水平；氮肥、磷肥和钾肥的农学效率分别提高了3.23 kg/kg、8.62 kg/kg和7.61 kg/kg，相当于每千克氮肥新增玉米3.23 kg，折合产值6.46元/kg；每千克磷肥新增玉米8.62 kg，折合产值17.24元/kg；每千克钾肥新增玉米7.6 kg，折合产值15.2元/kg。

试验还进一步探索了采用随灌水进行3次施肥的水肥一体化技术减少施肥量的效果，在测土推荐施肥量的基础上，减少氮肥施用量15%对玉米产量的影响，其单产与对照NPK$_2$（2次施肥）单产的差异不显著，说明在保障不减产的情况下，采用水肥一体化技术，可以减少氮肥施用量15%，实现节水节肥的良好效果。

2.水肥一体化第二年试验结果分析

在采用玉米滴灌优化灌溉制度与测土推荐施肥量的基础上，配套随灌水分次施肥的水肥一体化技术具有显著增产、增效和节能的多重效应。综合增产率和不同肥料增产率均表现为随施肥次数的增加而增加。在施肥总量相同的条件下，以NPK$_1$（1次施肥）为对照，把施肥总量按30%、40%、20%、10%的比例进行1次基肥、3次随灌水追肥的方式施用，增产效果显著，增产率为

8.91%;把施肥总量按 30%、40%、30% 的比例进行 1 次基肥、2 次随灌水追肥的方式施用,增产率为 9.68%,增产效果也达到显著水平,并与 NPK 无显著差异;把施肥总量按 40%、60% 的比例进行 1 次基肥、1 次随灌水追肥的方式施用,增产率为 1.18%,但增产率显著低于 NPK_3(三次施肥)和 NPK_4(四次施肥)的增产水平,说明在相同施肥总量及灌溉定额的条件下,采用 1 次基肥、2~3 次随灌水追肥的水肥一体化技术具有显著的增产效果,增产率分别为 8.91% 和 9.68%,增加玉米 73.4~79.7 kg/亩,按当年市场价格估算,增加产值 146.8~159.4 元/亩。由于采用 1 次基肥、2 次和 3 次随灌水追肥的单产差异不显著,按照省工省时的原则,应优选 1 次基肥、2 次随灌水追肥的方式作为玉米滴灌的水肥一体化技术。

5.3.2.3 水肥一体化三区对比结果分析

第一年滴灌玉米(农华 101)采用水肥一体化技术对产量及生育指标影响的结果表明,采用把总施肥量按 30% 基施、40% 和 30% 随灌溉 2 次追肥的方式,具有显著的增产效果。其中籽实产量比传统施肥方式增产 20.7%,比测土推荐施肥增产 14.4%,茎叶产量比传统施肥方式增产 20.5%,比测土推荐施肥增产 14.0%,增产原因主要是株高、单株粒数和百粒重都明显增加。

采用水肥一体化技术的玉米株高、单穗粒数和百粒重测定结果表明,采用把总施肥量按 30% 基施、40% 和 30% 随灌溉 2 次追肥的水肥一体化技术,使玉米株高、单穗粒重和百粒重都明显增加,其中株高增加了 4.0~6.5 cm,单穗粒重增加了 11.6~22.2 g,百粒重增加了 1.1~1.3 g。

第二年的示范结果与第一年的趋势完全一致,采用把总施肥量按 30% 基施、40% 和 30% 随灌溉 2 次追肥的方式,具有显著的增产效果。其中籽实产量比传统施肥方式增产 22.4%,比测土推荐施肥增产 6.8%,茎叶产量比传统施肥方式增产 23.9%,比测土推荐施肥增产 7.9%,增产原因主要是株高、单株粒数和百粒重都明显增加。

因此,采用把总施肥量按 30% 基施、40% 和 30% 随灌溉 2 次追肥的水肥一体化技术,使玉米单株粒数、单穗粒重和百粒重都明显增加,其中株高增加了 3.4~11.0 cm,单穗粒重增加了 6.4~15.4 g,百粒重增加了 0.5~2.2 g。

三区对比生产示范效果进一步说明,采用随灌水进行多次施肥的水肥一体化技术,是一项提高玉米单产的有效措施。两年结果表明,较对照传统施肥处理增产 20.7%~22.4%,增产玉米 162~166 kg/亩,新增产值 324~326 元/亩。

5.3.2.4 水肥一体化技术研究结果

灌溉制度采用生育期分 7~8 次灌水 92~132 m³/亩,灌水定额 12~20 m³/亩,播种到出苗期滴灌 1~2 次,大喇叭口期滴灌 2 次,抽雄吐丝期滴灌 2 次,灌浆期滴灌 2 次,随灌水施肥在玉米生育期共施肥 3 次,包括 1 次基肥或种肥加 2 次追肥,施肥量采用测土推荐施肥总量。施肥总量按低、中、高不同肥力地块施用 N 7.5~14.5 kg/亩、P_2O_5 3.5~8.0 kg/亩、K_2O 2.5~5.0 kg/亩。施肥方式按基肥 40%,大喇叭口期随灌水追肥 30%,灌浆期随灌水追肥 30%。基肥的肥料品种以粒肥为主,其中氮肥选用尿素或磷酸二铵,磷钾肥选用磷酸二铵、氯化钾或硫酸钾;追肥的肥料品种以速溶性肥和液体肥为主,其中氮肥选用尿素,磷肥选用工业磷酸或聚磷酸铵,钾肥选用硝酸钾或氯化钾。

第6章 高效节水灌溉技术
推广应用情况

6.1 膜下滴灌技术推广应用

6.1.1 膜下滴灌技术主要特点

与传统的地面灌溉技术相比,膜下滴灌技术具有以下特点:

(1)省水。

滴灌是一种可控制的局部灌溉。滴灌系统又采用管道输水,灌水均匀,减少了渗漏和蒸发损失。实施覆膜栽培,抑制了棵间蒸发。所以,膜下滴灌技术是田间灌溉最省水的节水技术。在作物生长期内,比地面灌省水 40%~60%。

(2)省肥。

易溶肥料施肥,可利用滴灌随水滴到作物根系土壤中,使肥料利用率大大提高。据测试,膜下滴灌可使肥料的利用率由 30%~40%提高到 50%~60%。

(3)省农药。

水在管道中封闭输送,避免了水对病虫害的传播。另外,地表无积水,田间地面湿度小,不利于滋生病菌和虫害。因此,除草剂、杀虫剂用量明显减少,可省农药 10%~20%。

(4)省地。

由于田间全部采用管道输水,地面无常规灌溉时需要的农渠、中心渠、毛渠及埂子,可节省土地 5%~7%。

(5)省工节能。

地面灌时,打毛渠、挖土堵口,劳动强度大。采用滴灌后,只观测仪表、操作阀门,劳动强度轻;膜内滴灌,膜间土壤干燥无墒,杂草少,且土壤不板结,田间人工作业(包括浇水、锄草、施肥、修渠、平埂、防治病虫害等)和中耕机械作业等大大减少,人工管理定额也大幅度提高。

(6)能减少局部盐碱。

膜下滴灌向土壤中不断补充纯净水,农膜阻止了土壤中水分的蒸发,将土壤中部分水分提升到地表所形成的湿润区内,有一个脱盐区(利于幼苗成活及作物生长)和集盐区。由盐碱地上的试验可看出,农田耕作层盐分逐年减少,田间作物产量逐年提高。

(7)有较强的抗灾能力。

作物从出苗起,得到适时、适量的水和养分供给,生长健壮,抵抗力强。同时能够及时制造小气候,具有一定抗御冻害和干热风的能力。

(8)增产。

由于科学调控水肥,水肥耦合效应好,土壤疏松,通透性好,充分利用水、肥、土、光、热和气资源,使作物生长条件优越,作物普遍增产 15% ~ 50%。试验表明,各种作物均进行缩行增株,提高种植密度。以玉米为例,采用常规灌,播种密度 6.00 万 ~ 6.75 万株/hm²;采用滴灌,播种密度 7.5 万 ~ 9.0 万株/hm²。

(9)品质、质量提高。

膜下滴灌营造了良好的生长和环境条件,农作物不但产量高,而且品质好。以棉花为例,棉花的成熟度好,纤维长度增加 0.4 ~ 0.7 mm,纤维的整齐度高,外观光泽好。

6.1.2 综合效益

(1)经济效益。

据测算,与大水漫灌相比,膜下滴灌增产 20% 以上,节水 40% ~ 50%,化肥、农药利用率提高 20%,土地利用率提高 8%。

(2)社会效益。

从根本上改变了传统农业用水方式,为农村提供了一种新的节水灌溉技术,为更好地进行田间管理提供了技术支撑,提高了土地利用率和水资源利用率,扩大了农田节水灌溉范围。以这项技术为龙头还有效地带动了相关产业的发展,如滴灌器材、滴灌专用肥、过滤设施生产和销售等在本地区迅速发展起来。它提高了劳动生产率,解放了劳动力,有利于农业产业结构的调整和集约化经营,具有较强的综合带动效应,促进农业生产向现代化方向迈进。

(3)生态效益。

实施膜下滴灌技术,可有效改良农田土壤结构,能减少深层渗漏和地表径流,能较好地防止土壤板结和土壤次生盐碱化。滴灌随水施肥、施药,既节约了化肥和农药,又减少了对土壤和环境的污染。节约下来的水可还水于生态,这对改善甘肃脆弱的生态环境来说是极其重要的。

6.1.3 应用前景

（1）膜下灌溉技术已大面积推广应用。

膜下灌溉技术已大面积推广应用，是目前世界上最先进的节水灌溉措施之一，适用于有基本水利设施的田间。我国在引进国外先进滴灌技术和设备的基础上，消化吸收，改进创新，开发出先进适用、性能可靠、使用方便的一次性可回收滴灌和膜下滴灌应用技术。这些高效节水器材和技术，可以使农民买得起，使科学技术很容易被转化为生产力。

（2）膜下滴灌技术推广应用投资降低。

目前，大量使用的膜下滴灌系统器材，初始一次性投资已降到 4 500 元/hm² 以下，其中每年需要更新一次的滴灌带，单价 0.20 元/m，1 800 元/hm² 左右。

（3）解决了回收再利用废旧滴灌带难题。

使用过的滴灌带可以用旧换新，回收利用再生产达到 97%，不仅解决了滴灌技术推广的塑管污染问题，而且节约了资源，降低了滴灌带生产成本，使之还有进一步降价的空间。

（4）膜下滴灌改变了传统的农业用水方式。

膜下滴灌与覆膜栽培和机械化作业相结合，改变了传统的农业用水方式，不仅节水，而且增产增收，改善了农民的生产条件，降低了农业生产成本，是一项利国利民的科技措施。

6.2　大型喷灌机推广应用

6.2.1　大型喷灌机灌溉优点

大型喷灌机灌溉大田作物有以下优点：

（1）提高农作物产量。

喷灌时灌溉水以水滴的形式像降雨一样湿润土壤，不破坏土壤结构，为作物生长创造良好的水分状况；由于灌溉水通过各种喷灌设备输送、分配到田间，都是在有控制的状态下工作的，可以根据供水条件和作物需水规律进行精确供水。此外，喷灌还能够调节田间小气候，在干热风季节用喷灌增加空气湿度，降低气温，可以收到良好效果；在早春可以用喷灌防霜。实践表明，喷灌比地面灌可提高产量 15%～25%。

（2）节约用水量。

因为喷灌系统输水损失极小，能够很好地控制灌水强度和灌水量，灌水均匀，水的利用率高。喷灌的灌水均匀度一般可达到 80%～85%，水的有效利用率为 80% 以上，用水量比地面灌溉节省 30%～50%。

（3）具有很强的适应性。

喷灌一个突出的优点是可用于各种类型的土壤和作物，受地形条件的限制小。例如，在沙土地或地形坡度达到 5%、地面灌溉有困难的地方都可采用喷灌。在地下水位高的地区，地面灌溉使土壤过湿，易引起土壤盐渍化，用喷灌来调节上层土壤的水分状况，可避免盐渍化的发生。由于喷灌对地形要求低，可以节省大量农田地面平整的工程量。

（4）节省劳动力。

由于喷灌系统的机械化程度高，不需要人工打埂、修渠，可以大大降低灌水劳动强度，节省大量的劳动力。比地面灌溉方式可以提高效率 20～30 倍。

（5）提高耕地利用率。

采用喷灌可以大大减少田间内部沟渠、田埂的占地，增加了实际播种面积，可提高耕地利用率 7%～15%。

6.2.2 适用范围

大型喷灌机适合大田粮食作物、经济作物，适用于不同土质，对沙土和沙壤土更具优越性。其对地块的要求不高，尤其是圆形喷灌机，爬坡角可达 30%，无须平整地块。适合于集中连片地块，亩投资低，地块漏喷可以采用其他灌溉方式。大型喷灌机对水质要求较低，不用过滤或简单过滤即可使用。在施肥灌溉方面，可精准实施喷灌水肥一体化，灌溉均匀度高。使用寿命可达 20 年以上。

由于大型喷灌机自动化程度高，运行维护成本低，非常适应规模化、机械化、集约化、标准化的现代农业发展需求，所以这种产品逐渐在我国得到了推广应用。例如，应用圆形喷灌机，内蒙古阿鲁科尔沁旗建成百万亩优质苜蓿生产基地，新疆昌吉回族自治州阜康市 222 团种植牧草、小麦等作物，宁夏吴忠市盐池县种植苜蓿，机组 8 跨、长度 516 m，控制面积 1 255 亩；应用平移式喷灌机，宁波慈溪海涂进行了盐碱地改良，种植苜蓿、油菜等作物，机组长度 900 m，行走长度 1 500 m，灌溉 2 050 亩，新疆阿克苏农一师八团种植苜蓿、燕麦等作物，机组长度 410 m，行走长度 910 m，灌溉 560 亩。

6.2.3 推广应用

目前,国内自主品牌公司大型喷灌机生产企业有 10 家左右,生产配件企业 10 家左右,包括现代农装科技股份有限公司、沃达尔(天津)股份有限公司、安徽艾瑞德农业装备股份有限公司、河北华雨农业科技有限公司、大连银帆农业喷灌机制造有限公司、大连雨林灌溉设备有限公司等。国外品牌企业中,美国维蒙特公司、林赛公司、瑞克公司,法国伊尔灌溉公司和奥地利保尔公司等均在国内生产,美国 T-L 公司和西班牙 RKD 公司在国内未设厂,只从事销售。

目前,我国圆形和平移式喷灌机总保有量约 1.8 万台,灌溉面积约 900 万亩,约占喷灌面积的 14%。大型喷灌机灌溉面积中,圆形喷灌机约占 90%。灌溉作物主要是苜蓿、马铃薯、玉米、小麦、燕麦等。灌溉水取自地下水或地表水,单井、多井汇合、沉淀池、调节池等均有使用。

我国推广应用的圆形喷灌机整机长度多数在 200~330 m,跨数 3~6 跨居多,单台灌溉面积 180~500 亩;平移式喷灌机整机长度 100~300 m,跨数 2~5 跨居多,单台灌溉面积 80~500 亩;单跨长度有 40 m、50 m、55 m、60 m。

在市场环境方面,当前土地流转率不高,集中连片地块较少。在规划设计环节,有些企业和用户设计参数选取不当、水泵选型设计不合理,规划设计缺少技术论证,设备选型未引用产品标准。在建设实施环节,存在未因地制宜,对项目地的地形地貌、土壤、水资源、气候、种植作物等因素考虑不周全的工程技术问题,也存在产品质量问题。在运行管护环节,则有产权不明晰,与非集约化、小规模的生产经营方式冲突,培训不到位,售后跟不上等情况发生。以上情况制约了大型喷灌机在我国的推广应用。

第7章 结 语

农田节水灌溉对我国农业发展意义重大,必须加强农田水利建设,发展农田节水灌溉。要加大宣传力度,提高人们的节水意识;同时各部门统筹兼顾,针对各地不同情况做到具体问题具体分析,使我国农业节水灌溉事业获得可持续发展,从而提高我国农业生产的经济效益。综合以上分析,针对农业工程高效节水灌溉技术应用建议如下:

(1)优化水利工程建设。第一,水利工程建设和管理中,灌溉水渠防渗、管道模式输水是两项重要的内容。以往农田灌溉系统中的水渠通常是由人工开挖而成的,施工方法和设备相对简单。然而,由于制造工艺和土壤性质的限制,在输送水源时,会出现一定的水损失,特别是在一些砂质水渠中,渗漏率更高,从而导致水资源的浪费。为了有效地解决渠道渗水问题,采用高效节水的工程建设是必不可少的。如在建设灌溉水渠时,应该根据土质类型,选择合适的建筑材料,例如浆砌块石,以减少渗漏现象的发生。第二,传统的灌溉系统存在着多种潜在的水资源损失,包括渗漏、蒸发等,而且当环境温度升高、灌溉速度减缓时,这些损失会明显增加,不仅无法起到较好的灌溉作用,也与高效节水灌溉的要求不相符。因此,为了能够减少水资源浪费,要选择更加先进的技术,避免潜在损失的发生。实践中,基于工程建设的角度,要选择适合的输水模式,对传统的输水体系进行健全和完善,更好地实现高效节水灌溉。如可以选择防渗漏效果好的输水管道作为主要材料建设输水系统,替代传统的输水方法。由于管道属于封闭性系统,出现渗漏、蒸发的概率较小,因此可以避免水资源的大量损失。

(2)合理选择灌溉技术。在农业工程中,应该充分考虑各种农作物的特点,并采取有效措施来提高灌溉效率。例如,花生等农作物对水资源的需求量较小,可以通过增加两次灌溉的间隔时间来提高灌溉效率,从而达到节约水资源的目的;水稻作物对水资源的需求量很大,必须增加灌溉频率,以确保水资源的可持续利用。在应用这些技术时,必须牢记节约水资源的原则,并且确保农作物的健康生长。同时,为了更好地利用水资源,需要采取针对性的措施,以确保农业工程的高效节水效果。我国幅员辽阔,各个地域都有适合的农作物,而且每个地方的土壤条件和气候状况各异,因此在使用高效节水灌溉技术时,必须充分考虑到各个地域的气候条件,并结合本地的环境条件,采取适合的措施,以达到最佳的水资源利用效果。在种植农作物时,需要仔细考虑如何使用最适合当前情况的灌溉技术。在考虑使用哪种技术时,需要结合当前地区的经济状况,采取适当措施。

(3)注重技术创新开发。要想真正实现高效的节水灌溉,创新技术是关键。因此,实践操作中,要重点关注先进技术的引入和应用,有效提升节水灌溉的效率。目前,基于节约水资源的角度,已经开始实施灌溉用水资源优化调配等技术,其他技术也在逐步开发和应用,为高效节水灌溉工作的有效开展提供了有力支持。技术创新开发主要体现在以下几个方面:一是通过对生物技术的研究,开发出更加简单易用的调控灌溉技术。通过对农作物生理特征的深入研究,发现它们的主要生理周期,并利用这些信息,使它们能够在特定的生理期内进行亏水生长,从而有效地抑制农作物的过度生长,提升其品质,并达到节约用水、提高经济效益的最终目标。二是通过应用"3S"技术,开发出高效、节水的灌溉方法。GPS、GIS 和 RS 现代化技术,即"3S"技术,为农业灌溉提供了一种有效的方法。它们能够精确捕捉农作物生长的各种信息,并通过计算机分析,找出最适宜的灌溉时期,从而达到节约水资源的目的。三是通过将微电子、信息、自动化、智能化以及生物学等多种技术有机地结合起来,实现创新技术的开发和应用。利用先进的微电子、信息、自动化、智能化技术与生物学相互协同,构筑新型、可持续发展、高效节约用水的灌溉系统。该系统可以对植物的发育、土壤中的水分等参数进行实时监测,并且可以根据不同情况采取相应措施,从而达到最佳的节约用水状态。

参 考 文 献

[1] 李雪转.现代节水灌溉技术[M].2版.郑州:黄河水利出版社,2023.

[2] 刘俊萍,郑珍,王新坤.节水灌溉理论与技术[M].镇江:江苏大学出版社,2021.

[3] 李援农.节水灌溉技术[M].北京:国家开放大学出版社,2020.

[4] 白洪鸣,王彦奇,何贤武.水利工程管理与节水灌溉[M].北京:中国石化出版社,2022.

[5] 徐俊增,刘笑吟,张坚,等.节水灌溉稻田灌溉施肥一体化技术模式[M].郑州:黄河水利出版社,2023.

[6] 刘方平.水稻灌区节水灌溉及水资源优化配置理论与技术[M].郑州:黄河水利出版社,2023.

[7] 焦恒民.旱涝碱综合治理及节水灌溉技术研究[M].郑州:黄河水利出版社,2019.

[8] 湖南省水利水电科学研究院.农村小型水利工程典型设计图集:节水灌溉工程[M].北京:中国水利水电出版社,2021.

[9] 朱梅.高标准农田建设技术与节水灌溉工程[M].合肥:安徽科学技术出版社,2022.

[10] 李其光,崔静,鲍子云.高效节水灌溉工程运行管理与维护[M].北京:中国水利水电出版社,2022.

[11] 房凯,俞双恩,丁继辉,等.淮北地区灌区节水减排和生态建设理论与技术[M].南京:河海大学出版社,2021.

[12] 司振江.灌区节水新技术研究与实践[M].哈尔滨:黑龙江科学技术出版社,2020.

[13] 毕远杰.微咸水灌溉模式对土壤水盐运移影响研究[M].郑州:黄河水利出版社,2020.

[14] 杨文柱.节水灌溉农田氮平衡[M].赤峰:内蒙古科学技术出版社,2020.

[15] 吕文星.黄河流域部分省区农业灌溉耗水试验研究[M].郑州:黄河水利出版社,2022.

[16] 刘战东,高阳,段爱旺.冬小麦-夏玉米农田墒情预测与灌溉预报[M].郑州:黄河水利出版社,2022.

[17] 邱新强.主要粮食作物节水高效灌溉控制指标试验研究[M].郑州:黄河水利出版社,2023.